JN023850

基礎 微分積分
第 2 版

松本茂樹　森元勘治
共著

学術図書出版社

まえがき

本書は，大学の理工学系ならびに情報科学系における，微分積分学の入門書である．微分積分学は，数学そのものはもとより，理工学や情報科学のあらゆる分野において，現象を数学を用いて記述する場合，なくてはならない理論である．したがって，多くの大学で1年次の必修科目となっている．しかしその一方で，高等学校までの学習内容の変遷や入学試験制度の多様化により，様々な学力の学生が入学しており，基礎学力にバラつきが見られることも少なくない．

そこで本書は，高校2年生程度の微分積分と，指数・対数・三角関数の基礎的な知識があれば読み進められるような構成となっており，無理なく大学の数学に親しめるように工夫がなされている．高校までの微分積分と大学での微分積分の一番大きな違いは，実数のとらえ方であり，ε-δ 論法に見られる，連続性や極限概念の違いであろう．しかし，この点についてはあまり深入りせず，基本的な概念を述べる程度としており，できるだけ直感的な理解を優先させた．

本書は，前期分に相当する第1章 (3節)，第2章 (4節)，第3章 (6節) の13節と，後期分に相当する第4章 (5節)，第5章 (5節)，第6章 (2節)，第7章 (2節) の14節で構成されている．前期は，入学直後のオリエンテーションの必要性もあり，前期末のまとめを含めると，13節が適切な量と考える．後期は，前期の復習などを入れた場合，14節の時間が取りづらい可能性もある．その場合は，ガンマ関数とベータ関数 (5.5節) や，級数 (7章) の一部を省略する等の対応が考えられる．基本的に，前期は1変数関数，後期は2変数関数という構成であり，各大学の事情に合わせて，工夫されるとよいであろう．

昨今多くの大学で，多数の非常勤講師を抱えており，しかも，シラバスの整備やGPAによる評価により，担当教員の間で統一した講義構成が要求されて

いる．そのような要求に応えるためには，大学1年次の講義として適切な量の教科書を準備し，その教科書に沿って講義することが必要であろう．そうすることにより，教員間の力量や経験によるばらつきをある程度緩和することができると考えられる．

　本書の内容は，実数と連続関数，1変数の微分法とその応用，1変数の積分法とその応用，2変数の偏微分法とその応用，2変数の重積分法とその応用，1階と2階の微分方程式，そして級数から構成されている．いたずらに難解な議論は省略し，基本的な理論の解説と，具体的な状況の理解や計算力の習得に重点を置いた．そのため，証明を省略した所もいくつかある．本文中には講義理解のための問いを適宜配置した．いずれも基礎的な問いなので，確実に解いてほしい．また，演習問題は各節の末に準備しており，基本的な問題から難しい問題へと配置されている．これらの演習を通して，是非実力をつけてほしい．

　本書を学習することにより，学生諸君が微分積分学および数学の基本的な考え方を身につけ，自信をもって専門分野へ進んでくれることを期待する．

　最後に，本書の出版に際して様々な助言をいただきお世話になった，(株)学術図書出版社の発田孝夫氏に，深く感謝の意を表したい．

　　　2016年9月

著者

第 2 版 まえがき

2016 年の秋に，大学理工学系並びに情報科学系における，微分積分学の基礎的な入門書として，本書の初版が発行されてから，7 年が経過した．その間，内容や使いやすさ，使いづらさについて，様々な意見をいただいた．その中でも多くいただいた意見が，想定される読者に対して，表現や内容が難解であることと，説明等が冗長であるということであった．

そこで，それらの意見をもとに，冗長や難解な部分の洗い出しを行い，学習者に過度な負荷を与えている部分の，修正や省略・削除などを行った．また，各節を節末問題を含めて 7 ページまでにとどめた．旧版では，各節が，6〜8 ページというばらつきがあったが，すべて 6〜7 ページに収めることにより，授業の進度的にも，使いやすい教科書になったと思われる．また，旧版では，前期 13 節 (1, 2, 3 章)，後期 14 節 (4, 5, 6, 7 章) であったが，後期も 13 節に収めることができた．これにより，前期 15 回，後期 15 回の授業を，それぞれ，第 1 回オリエンテーション，13 回の講義，第 15 回まとめとして，ちょうど 15 回に収まるように設定できる．

以下で，いくつかの具体的な修正箇所について説明する．

まず，第 1 章「連続関数」における実数の連続性に関して，最小上界 $\sup A$ や最大下界 $\inf A$ の記述を削除した．本格的な解析学であれば必要な概念であるが，初学者にとっては学びづらく，本書の場合，なくても困らない概念である．また，ネイピア数の収束の証明は，旧版では，相加平均・相乗平均に関する不等式を用いた手法であったが，これは初学者にとってはわかりづらく，不等式の証明が追いつかない．そこで二項定理を用いた，伝統的な手法による証明とした．さらに，ネイピア数の一般的な関数への拡張の証明も，数列で理解すれば十分ということで，省略した．

次に，第 2 章「微分」については，第 1 章でネイピア数の証明を修正したため，相加平均・相乗平均に関する不等式の証明が不要となり，削除した．第 3 章「積分」については，ガンマ関数とベータ関数の細かい記述を省略した．これらの修正によって，読者の負荷は大きく軽減されたことと思われる．

次に，第 4 章「偏微分」については，陰関数定理の証明を全面的に削除した．このような難解な証明が記載されていることにより，学習者は戸惑い悩み，前に進めなくなる恐れがある．それよりも，陰関数定理を利用して微分の計算ができることを重視した．第 5 章「重積分」についても，難解な問題は削除し，基本的な計算技術が身につくことを優先した．第 6 章「微分方程式」については，1 階線形微分方程式と 2 階線形微分方程式の解法であり，公式の運用方法を身につけることを主眼とした．

最後に第 7 章「級数」であるが，旧版では 7.1 節と 7.2 節において，級数と整級数の収束概念を細かく扱っており，初学者の戸惑いが大きいと感じられた．そこで，議論は深入りせずにそれぞれの基本的な部分を 1 節にまとめて，7.1「級数と整級数」とした．これによって，初学者の負荷が軽減され，また，前述したように，後期も 13 節に収めることができた．

以上が，第 2 版の概要であり，学びやすく使いやすい教科書になったと思われる．そして，本書を学習することにより，学生諸君が微分積分学および数学の基本的な考え方を身につけ，自信をもって専門分野へ進んでくれることを期待する．

最後に，本書の出版と第 2 版の出版に際して様々な助言をいただきお世話になった，(株) 学術図書出版社の発田孝夫氏に，深く感謝の意を表したい．

2023 年 9 月

著者

目　　次

第1章 連続関数

　微分積分学では実数を変数とする関数の研究を行うため，本章ではその基礎となる「実数の性質」と「関数の連続性」について述べる．また，新たな初等関数として逆三角関数を導入する．

1.1　実数の性質と数列の収束

実数　実数 (real number) は直線上の点と一対一に対応する．この対応により実数全体 $\boldsymbol{R}$ を直線と同一視し，**数直線**という．

図 1.1　数直線

　有理数 (分数) 全体を $\boldsymbol{Q}$ で表す．分数で表すことができない実数を**無理数**という．

区間　実数全体 $\boldsymbol{R}$ の次のような部分集合を区間 (有限区間) という．ここで a, b は実数 $(a < b)$ である，

$$(a, b) = \{x \mid a < x < b\} \qquad [a, b) = \{x \mid a \leqq x < b\}$$

$$(a, b] = \{x \mid a < x \leqq b\} \qquad [a, b] = \{x \mid a \leqq x \leqq b\}$$

区間 (a, b) は**開区間**，$[a, b]$ は**閉区間**と呼ばれる．

　同様に無限区間も定義される．

$$(a, \infty) = \{x \mid a < x\} \qquad [a, \infty) = \{x \mid a \leqq x\}$$

$$(-\infty, b) = \{x \mid x < b\} \qquad (-\infty, b] = \{x \mid x \leqq b\}$$

$$(-\infty, \infty) = \{x \mid x \text{ はすべての実数}\}$$

稠密性 (ちゅうみつせい) a,b を異なる実数 $(a < b)$ とする．このとき，$a < c < b$ となる有理数 c，および $a < c' < b$ となる無理数 c' が必ず存在する．前者を**有理数の稠密性**，後者を**無理数の稠密性**という．

例題 1 $\sqrt{2}$ は無理数であることを証明せよ．

解答 $\sqrt{2}$ を有理数と仮定する．$\sqrt{2} = \dfrac{a}{b}$ (既約分数) と表すことができる．両辺を 2 乗すると $2 = \dfrac{a^2}{b^2}$ となり，$2b^2 = a^2$ を得る．左辺は偶数より，右辺の a^2 も偶数である．奇数の 2 乗は奇数であることに注意すると，a 自身が偶数となり，$a = 2k$ と書ける．したがって，$2b^2 = 4k^2$ より $b^2 = 2k^2$ を得る．このとき同じ理由で b も偶数となる．これは $\dfrac{a}{b}$ が既約分数としたことに矛盾する．すなわち，仮定が間違っており，$\sqrt{2}$ は無理数である．

> **問 1** a,b を異なる有理数 $(a < b)$ とする．このとき，次を示せ．
>
> (1) $a + \dfrac{b-a}{\sqrt{2}}$ は無理数である．
>
> (2) $c = a + \dfrac{b-a}{\sqrt{2}}$ とすると，$a < c < b$ である．

有理数と無理数 有理数は，$\dfrac{3}{8} = 0.375$ や $\dfrac{4}{33} = 0.12121212\cdots$ のように有限小数または循環小数で表すことができる．また，無理数は次のような循環しない無限小数で表すことができる．

$$\sqrt{2} = 1.4142135623730950488016887242096980785696\cdots$$

> **問 2** 次の分数を小数で表せ．
>
> (1) $\dfrac{1}{7}$ (2) $\dfrac{23}{125}$
>
> **問 3** a,b を異なる無理数 $(a < b)$ とする．このとき，$a < c < b$ となる有理数が存在することを示せ．

有界集合 $\mathbf{R}$ の空でない部分集合 A に対して，A のどの数よりも大きい実数が存在するとき，A は**上に有界**という．同様に，A のどの数よりも小さい実数が存在するとき，A は**下に有界**という．上に有界でありかつ下に有界であるとき，**有界**であるという．

数列　自然数 $n = 1, 2, 3, \cdots$ に対して, 実数 a_n を対応させた数の並びを**数列**といい $\{a_n\}$ と書く. 第 n 項 a_n を n を用いて書き表した式を**一般項**という. 高等学校では主に次の 2 つの数列について学んだ.

等差数列　a, d を実数とする. $a_n = a + (n-1)d$ を一般項とする数列を, 初項 a 公差 d の等差数列という.

等比数列　a, r を実数とする. $a_n = ar^{n-1}$ を一般項とする数列を, 初項 a 公比 r の等比数列という.

数列の有界性　数列 $\{a_n\}$ が有界であるとは, この数列 $\{a_n\}$ の項全体からなる集合 $\{a_n \mid n = 1, 2, 3, \cdots\}$ が有界であることをいう. 上に有界, 下に有界についても同様である.

数列の単調性　数列 $\{a_n\}$ が**単調増加**であるとは, すべての項に対して, 次の不等式が成り立つことをいう.

$$a_1 < a_2 < \cdots < a_n < a_{n+1} < \cdots$$

不等号 $<$ を等号付き不等号 $\leqq$ に置き換えた場合, **広義単調増加**という. 不等号の向きを逆にして $>$ および $\geqq$ とした場合, **単調減少**および**広義単調減少**という. これらを総称して**単調数列**という.

数列の収束性　数列 $\{a_n\}$ がある値 α に**収束**するとは, n を無限に大きくしたとき, a_n が α に限りなく近づくことを意味する. このことを,

$$\lim_{n \to \infty} a_n = \alpha \text{ または } a_n \to \alpha \ (n \to \infty)$$

と書く. このとき, α を数列 $\{a_n\}$ の**極限**または**極限値**という. また, 収束しない数列を**発散**するという. 特に $\{a_n\}$ が無限に大きくなる (小さくなる) ときは, $\infty \ (-\infty)$ に発散するという.

ところで, a_n が α に限りなく近づくとはどういうことであろうか. それは, n を無限に大きくしたとき, a_n と α との差が限りなく小さくなるということであり, 次のように記述する.

「任意の $\varepsilon > 0$ に対して, ある番号 n_0 が存在し, $n > n_0$ ならば $|a_n - \alpha| < \varepsilon$」

ここで, 任意の $\varepsilon > 0$ に対してとは, どのような小さい正の数に対しても, という意味であり, この論法を ε **論法**と呼ぶ.

次の例 1, 例 2 は ε 論法を用いて示されるが, 詳細は省略する.

例 1 $\displaystyle \lim_{n \to \infty} \frac{1}{n} = 0$

例 2 r を $0 < |r| < 1$ を満たす実数とするとき, $\displaystyle \lim_{n \to \infty} r^n = 0$

実際に数列が与えられたとき, 収束の計算に ε 論法が用いられることはあまりなく, 上記の例などの結果を用いて計算されることが多い.

例題 2 次の数列の極限を求めよ.

(1) $\displaystyle a_n = \frac{3n^2 - 1}{n^2 + 5n + 4}$ (2) $a_n = \sqrt{n^2 + n} - n$

解答 (1) $\displaystyle \lim_{n \to \infty} a_n = \lim_{n \to \infty} \frac{3 - \frac{1}{n^2}}{1 + \frac{5}{n} + \frac{4}{n^2}} = 3$

(2) $\displaystyle \lim_{n \to \infty} a_n = \lim_{n \to \infty} \frac{(\sqrt{n^2 + n} - n)(\sqrt{n^2 + n} + n)}{\sqrt{n^2 + n} + n}$

$\displaystyle = \lim_{n \to \infty} \frac{n}{\sqrt{n^2 + n} + n} = \lim_{n \to \infty} \frac{1}{\sqrt{1 + \frac{1}{n}} + 1} = \frac{1}{2}$

次の定理の証明は省略する.

定理 1.1.1 (数列の単調性と収束)

(1) 上に有界な (広義) 単調増加数列は収束する.

(2) 下に有界な (広義) 単調減少数列は収束する.

(3) (1), (2) をまとめて, 有界な単調数列は収束する.

ここで数列の収束と四則演算との関係をまとめておく. 証明は省略する.

定理 1.1.2 (数列の極限と四則演算)

数列 $\{a_n\}$, $\{b_n\}$ が収束すれば, 次が成り立つ.

(1) $\displaystyle \lim_{n \to \infty} (a_n \pm b_n) = \lim_{n \to \infty} a_n \pm \lim_{n \to \infty} b_n$ (複号同順)

(2) $\displaystyle \lim_{n \to \infty} (a_n b_n) = \lim_{n \to \infty} a_n \lim_{n \to \infty} b_n$

(3) $\displaystyle \lim_{n \to \infty} \frac{a_n}{b_n} = \frac{\displaystyle \lim_{n \to \infty} a_n}{\displaystyle \lim_{n \to \infty} b_n}$ ただし，$\displaystyle \lim_{n \to \infty} b_n \neq 0$

本節の最後に，ネイピア数を紹介する．これは，微分積分学で極めて重要な役割を演じる定数である．

定理 1.1.3（ネイピア数）

数列 $\left\{ \left(1 + \dfrac{1}{n} \right)^n \right\}$ は収束する．その極限値を e で表し，**ネイピア数**という．またその値は，$e = 2.718281828459045\cdots$ と近似される．

証明　まず，数列 $\left\{ \left(1 + \dfrac{1}{n} \right)^n \right\}$ が単調増加であることを示す．そのために，次の**二項定理**と**二項係数**を思い出そう．

$$(a+b)^n = \sum_{r=0}^{n} {}_n\mathrm{C}_r \, a^{n-r} b^r \qquad {}_n\mathrm{C}_r = \frac{n!}{r! \, (n-r)!}$$

これらの公式を使って，$\left(1 + \dfrac{1}{n} \right)^n$ を展開する．

$$\left(1 + \frac{1}{n} \right)^n = \sum_{r=0}^{n} {}_n\mathrm{C}_r \, 1^{n-r} \left(\frac{1}{n} \right)^r = \sum_{r=0}^{n} \frac{n!}{r! \, (n-r)!} \frac{1}{n^r}$$

$$= 1 + n\frac{1}{n} + \frac{n(n-1)}{2!} \frac{1}{n^2} + \frac{n(n-1)(n-2)}{3!} \frac{1}{n^3} + \cdots$$

$$\cdots + \frac{n(n-1)(n-2)\cdots 3 \, 2 \, 1}{n!} \frac{1}{n^n}$$

$$= 1 + 1 + \frac{1}{2!} \left(1 - \frac{1}{n} \right) + \frac{1}{3!} \left(1 - \frac{1}{n} \right)\left(1 - \frac{2}{n} \right) + \cdots$$

$$\cdots + \frac{1}{n!} \left(1 - \frac{1}{n} \right)\left(1 - \frac{2}{n} \right) \cdots \left(1 - \frac{n-2}{n} \right)\left(1 - \frac{n-1}{n} \right)$$

$$= 1 + 1 + \sum_{k=2}^{n} \frac{1}{k!} \left(1 - \frac{1}{n} \right)\left(1 - \frac{2}{n} \right) \cdots \left(1 - \frac{k-1}{n} \right)$$

$$< 1 + 1 + \sum_{k=2}^{n+1} \frac{1}{k!} \left(1 - \frac{1}{n+1} \right)\left(1 - \frac{2}{n+1} \right) \cdots \left(1 - \frac{k-1}{n+1} \right)$$

$$= \left(1 + \frac{1}{n+1} \right)^{n+1} \quad (n \text{ を } n+1 \text{ で置き換えた})$$

この不等式より，数列 $\left\{ \left(1 + \dfrac{1}{n} \right)^n \right\}$ は単調増加であることが示された．さらに，

$$\left(1+\frac{1}{n}\right)^n = 1 + 1 + \sum_{k=2}^{n} \frac{1}{k!}\left(1-\frac{1}{n}\right)\left(1-\frac{2}{n}\right)\cdots\left(1-\frac{k-1}{n}\right)$$

$$< 1 + 1 + \sum_{k=2}^{n} \frac{1}{k!} = 1 + 1 + \frac{1}{2!} + \frac{1}{3!} + \cdots + \frac{1}{n!}$$

ここで $n > 2$ のとき $n! > 2^{n-1}$ より

$$< 1 + 1 + \frac{1}{2} + \frac{1}{2^2} + \cdots + \frac{1}{2^{n-1}} - 1 + \frac{1-\frac{1}{2^n}}{1-\frac{1}{2}} < 3$$

この不等式より，数列 $\left\{\left(1+\dfrac{1}{n}\right)^n\right\}$ は上に有界となる．したがって，定理 1.1.1 より上記数列が収束することが示された.

問題 1.1

1.　$\sqrt{3}$ が無理数であることを証明せよ.

2.　次の数列の極限を求めよ.

(1) $a_n = \dfrac{2n^2 - 3n}{n^2 + 1}$　　　(2) $a_n = \dfrac{n^2 - 1}{2n^3 - n}$

(3) $a_n = \dfrac{\sqrt{3n^2 + 1}}{\sqrt{n^2 + 1} + \sqrt{n}}$　　(4) $a_n = \log_2(4n + 1) - \log_2 n$

(5) $a_n = \dfrac{1}{\sqrt{n^2 + 3n} - n}$　　(6) $a_n = \sqrt{n^2 + 1} - n$

3.　次の等式を示せ.

$$\lim_{n\to\infty}\left(1-\frac{1}{n}\right)^{-n} = e$$

ヒント：$1 - \dfrac{1}{n} = \dfrac{n-1}{n} = \left(\dfrac{n}{n-1}\right)^{-1} = \left(1 + \dfrac{1}{n-1}\right)^{-1}$

4.　次の数列の極限を求めよ.

(1) $a_n = \left(1 + \dfrac{1}{2n}\right)^n$　　　(2) $a_n = \left(1 + \dfrac{3}{n}\right)^n$

(3) $a_n = \left(1 - \dfrac{1}{n^2}\right)^n$

5. 次の等式を証明せよ.

(1) $\displaystyle\lim_{n \to \infty} \frac{2^n}{n!} = 0$　　(2) $\displaystyle\lim_{n \to \infty} \frac{n!}{n^n} = 0$

6. 数列 $\{a_n\}$ が次の漸化式で定められているとする.

$$a_{n+1} = \sqrt{2a_n} \ , \quad a_1 = 1$$

このとき, 以下の手順によって $\displaystyle\lim_{n \to \infty} a_n = 2$ を示せ.

(1) $\{a_n\}$ は上に有界を示す $(a_n < 2)$.

(2) $\{a_n\}$ は単調増加を示す.

(3) (1), (2) で収束が保証されるので, 漸化式において $n \to \infty$ とする.

7. 収束する数列は有界であることを証明せよ. また, 逆は成り立たないことを反例を挙げることによって示せ.

1.2　連続関数の性質

関数　実数 $\boldsymbol{R}$ の各点 x に対して実数 $f(x)$ が対応する規則が定められているとき，この規則を**関数**といい $f : \boldsymbol{R} \to \boldsymbol{R}$ と書く．また $y = f(x)$ と書き，x を**独立変数**，y を**従属変数**という．$f(x)$ が $\boldsymbol{R}$ の空でない部分集合 A において定められているとき，A を**定義域**という．また，$f(x)$ がとる値全体の集合を**値域**という．

合成関数　2つの関数 $f(x)$ と $g(x)$ が与えられ，$f(x)$ の値域が $g(x)$ の定義域に含まれるとき，x に $f(x)$ を対応させ，$f(x)$ に $g(f(x))$ を対応させることができる．このように定められた関数を，$f(x)$ と $g(x)$ との**合成関数**といい $g(f(x))$ または $g \circ f$ と書く．

関数の極限と連続性　関数 $f(x)$ が点 a の近くで定義されているとする．実数 x を a に限りなく近づけるとき（ただし $x \neq a$），$f(x)$ がある値 L に限りなく近づくならば，L を $f(x)$ の a における**極限**または**極限値**といい，次のように記述する．

$$\lim_{x \to a} f(x) = L \quad \text{または} \quad f(x) \to L \ (x \to a)$$

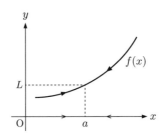

図 1.2　関数の極限

このことを厳密に記述すると，次のような表現になる．

「任意の $\varepsilon > 0$ に対して，ある $\delta > 0$ が存在し，

$$0 < |x - a| < \delta \text{ ならば } |f(x) - L| < \varepsilon」$$

この論法を，数列における ε 論法と同様に，**ε-δ 論法**と呼ぶ.

ここで，関数 $f(x)$ が a においても定義されていて $f(a) = L$ となるならば，$f(x)$ は a において**連続**であるという．すなわち，次の等式が成り立つとき a において連続と定める．

$$\lim_{x \to a} f(x) = f(a)$$

片側極限　上記と同様に，変数 x を点 a の右側から近づけたときの極限を**右側極限**，左側から近づけたときの極限を**左側極限**という．それらを表す記号は以下のとおりである．ただし，$a = 0$ のときは，$x \to +0$ または $x \to -0$ と略記する．また，$x \to \infty$, $x \to -\infty$ のときの極限も，同様に定義される．

$$\text{右側極限：} \lim_{x \to a+0} f(x) \qquad \text{左側極限：} \lim_{x \to a-0} f(x)$$

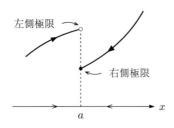

図 1.3　片側極限

関数 $f(x)$ は，定義域のすべての点において連続であるとき，連続であるという．ただし，関数の定義域が閉区間 $[a,b]$ のように端点をもつ場合は，片側極限を用いて，同様に連続を定義する．

例題 1　関数 $\dfrac{\sqrt{x+1}-1}{x}$ の $x = 0$ における極限を求めよ．

解答　この関数は 0 では定義されないが，極限は次のように求められる．

$$\lim_{x \to 0} \frac{\sqrt{x+1}-1}{x} = \lim_{x \to 0} \frac{\left(\sqrt{x+1}-1\right)\left(\sqrt{x+1}+1\right)}{x\left(\sqrt{x+1}+1\right)}$$

$$= \lim_{x \to 0} \frac{\left(\sqrt{x+1}\right)^2 - 1}{x\left(\sqrt{x+1}+1\right)} = \lim_{x \to 0} \frac{x}{x\left(\sqrt{x+1}+1\right)}$$

$$= \lim_{x \to 0} \frac{1}{\sqrt{x+1}+1} = \frac{1}{2}$$

問1 次の極限を求めよ.

(1) $\displaystyle\lim_{x \to 2} \frac{x^2 - 4}{x^2 - 3x + 2}$ (2) $\displaystyle\lim_{x \to 0} \frac{1}{x}\left(\frac{2}{x+2} - 1\right)$ (3) $\displaystyle\lim_{x \to 1} \frac{\sqrt{x+3} - 2}{x - 1}$

次の定理は, 関数の極限と四則演算は, 数列の場合と同様に交換可能であることを示している. 証明は省略する.

定理 1.2.1 (関数の極限と四則演算)

関数 $f(x)$ と $g(x)$ に対して, 極限 $\displaystyle\lim_{x \to a} f(x)$ と $\displaystyle\lim_{x \to a} g(x)$ が存在すれば, 次が成り立つ. $a = \pm\infty$ の場合も同様である.

(1) $\displaystyle\lim_{x \to a}(f(x) \pm g(x)) = \lim_{x \to a} f(x) \pm \lim_{x \to a} g(x)$ (複号同順)

(2) $\displaystyle\lim_{x \to a}(f(x)g(x)) = \lim_{x \to a} f(x) \lim_{x \to a} g(x)$

(3) $\displaystyle\lim_{x \to a} \frac{f(x)}{g(x)} = \frac{\displaystyle\lim_{x \to a} f(x)}{\displaystyle\lim_{x \to a} g(x)}$ ただし, $\displaystyle\lim_{x \to a} g(x) \neq 0$

命題 1.2.2

$0 < x < \dfrac{\pi}{2}$ のとき $\sin x < x < \tan x$ が成り立つ.

証明 図1.4 のように点 O, A, B, C をとり, 三角形 OAB, 扇形 OAB, 三角形 OAC の面積を考える. このとき $\triangle\text{OAB} = \dfrac{1}{2}\sin x$, 扇形 $\text{OAB} = \dfrac{1}{2}x$, $\triangle\text{OAC} = \dfrac{1}{2}\tan x$

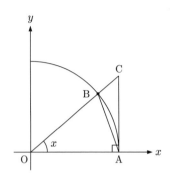

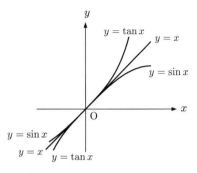

図 1.4 三角形と扇形　　　　図 1.5 $\sin x < x < \tan x$

であり，$\triangle OAB < $ 扇形 $OAB < \triangle OAC$ より $\dfrac{1}{2}\sin x < \dfrac{1}{2}x < \dfrac{1}{2}\tan x$ が成り立つ．したがって，命題の不等式を得る．

命題 1.2.3

$$\lim_{x \to 0} \frac{\sin x}{x} = 1$$

証明　$x \to 0$ を考えるので，x は 0 に近い値としてよい．

はじめに $0 < x < \dfrac{\pi}{2}$ とする．このとき命題 1.2.2 の不等式を $\sin x$ で割ることにより，次を得る．

$$1 < \frac{x}{\sin x} < \frac{1}{\cos x}$$

分母分子を入れ替えると，次を得る．

$$1 > \frac{\sin x}{x} > \cos x \tag{1.1}$$

この不等式において $x \to 0$ とすると，中央の極限が 1 で挟まれることになり，命題の等式を得る．この方法を**はさみうちの原理**と呼ぶ．

次に $-\dfrac{\pi}{2} < x < 0$ とする．このとき，$\sin(-x) = -\sin x$, $\cos(-x) = \cos x$ より，やはり (1.1) の不等式が得られ，求める等式が証明される．

問 2　次の極限を求めよ．
(1) $\displaystyle\lim_{x \to 0} \frac{\sin 3x}{x}$　　(2) $\displaystyle\lim_{x \to 0} \frac{x \sin x}{1 - \cos x}$　　(3) $\displaystyle\lim_{x \to 0} \frac{x}{\tan 5x}$

命題 1.2.2 の不等式から，三角関数の連続性が示される．

例題 2　$\sin x$ はすべての点で連続であることを示せ．

解答　a を任意の点とする．$x \to a$ のとき $\sin x \to \sin a$ を示せばよい．三角関数の和積の公式と命題 1.2.2 から，次が成り立つ．

$$\left| \sin x - \sin a \right| \leqq \left| 2 \sin \frac{x - a}{2} \cos \frac{x + a}{2} \right| \leqq 2 \left| \sin \frac{x - a}{2} \right| \leqq |x - a|$$

したがって，$x \to a$ のとき $|x - a| \to 0$ であり，上記の不等式から $|\sin x - \sin a| \to 0$ より，$\sin x \to \sin a$ を得る．

連続関数の性質　関数に対する極限操作と四則演算の交換可能性 (定理 1.2.1) に注意すると，連続関数同士の和・差・積・商は連続となる．また，$\sin x$ が

連続であることは例題 2 で示したが，多項式関数や，指数関数，対数関数も連続である．これらの関数については次節で詳しく紹介する．さらに次も成り立つ．証明は省略する．

命題 1.2.4 (連続関数の合成関数)

$f(x)$ が点 a で連続であり，$g(x)$ が点 $f(a)$ で連続ならば，合成関数 $g(f(x))$ も点 a で連続である．

例 1　$\cos x = \sin \left(x + \dfrac{\pi}{2} \right)$ より，$\cos x$ も連続である．

閉区間で定義された連続関数に関する以下の 2 つの定理は，実数の連続性に基づいているが，証明は省略する．

定理 1.2.5 (中間値の定理)

閉区間 $[a, b]$ において定義された関数 $f(x)$ が連続で $f(a) \neq f(b)$ ならば，$f(a)$ と $f(b)$ の間の任意の値 m に対して，$f(c) = m$ となる $c\ (a < c < b)$ が存在する．

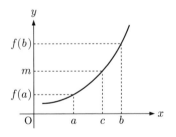

図 1.6　中間値の定理

定理 1.2.6 (最大値・最小値の定理)

閉区間 $[a, b]$ において定義された関数 $f(x)$ が連続であれば，$f(x)$ は $[a, b]$ において最大値および最小値をもつ．

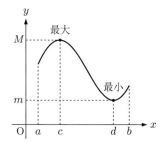

図 1.7 最大値・最小値の定理

> **問 3** 開区間 $(0, 2)$ で定義された関数で，以下の (1), (2), (3) を満たす 2 次関数，および (4) を満たす 3 次関数を構成せよ．
> (1) 最大値をもつが最小値はもたない．
> (2) 最小値をもつが最大値はもたない．
> (3) 最大値も最小値ももたない．
> (4) 最大値も最小値ももつ．

問題 1.2

1. 次の関数 $f(x)$ において，与えられた定義域に対する値域を求めよ．

    (1) $f(x) = (x - 1)^2$ 定義域 $(0, 3)$

    (2) $f(x) = \dfrac{x + 3}{x + 2}$ 定義域 $(0, 1]$

    (3) $f(x) = x + \dfrac{4}{x}$ 定義域 $(0, \infty)$

2. 次の極限を求めよ．

    (1) $\displaystyle\lim_{x \to 1} \frac{\sqrt{x} - 1}{x - 1}$ (2) $\displaystyle\lim_{x \to 2} \frac{x - \sqrt{x + 2}}{x - 2}$

    (3) $\displaystyle\lim_{x \to \infty} \frac{\sqrt{2x - 3}}{\sqrt{x - 1} + \sqrt{x + 3}}$ (4) $\displaystyle\lim_{x \to \infty} \sqrt{x} \left(\sqrt{x + 1} - \sqrt{x} \right)$

3. 次の極限を求めよ．

    (1) $\displaystyle\lim_{x \to 0} \frac{\cos x - 1}{x}$ (2) $\displaystyle\lim_{x \to 0} \frac{1 - \cos 2x}{x^2}$

(3) $\displaystyle\lim_{x \to 0} \frac{\tan x - \sin x}{x^3}$ (4) $\displaystyle\lim_{x \to \pi} \frac{\tan x}{x - \pi}$

4. a を定数として，次の極限を求めよ．

(1) $\displaystyle\lim_{x \to a} \frac{\sqrt{x} - \sqrt{a}}{x - a}$ $(a > 0)$ (2) $\displaystyle\lim_{x \to a} \frac{x^2 - a^2}{x - a}$

(3) $\displaystyle\lim_{x \to a} \frac{x^3 - a^3}{x - a}$ (4) $\displaystyle\lim_{x \to a} \frac{x^n - a^n}{x - a}$ （n は自然数）

5. 次の関数 $f(x)$ の $x = 0$ における連続性を調べよ．

(1) $f(x) = \begin{cases} \dfrac{\sin x}{x} & (x \neq 0) \\ 1 & (x = 0) \end{cases}$ (2) $f(x) = \begin{cases} x \sin \dfrac{1}{x} & (x \neq 0) \\ 1 & (x = 0) \end{cases}$

6. $f(x)$ を奇数次の多項式とする．このとき，方程式 $f(x) = 0$ は少なくとも 1 つの実数解をもつことを，中間値の定理を用いて証明せよ．

7. 閉区間 $[-1, 1]$ で定義された連続関数 $f(x)$ が $-1 \leqq f(x) \leqq 1$ を満たすとする．このとき，$f(c) = c$ となる点 c $(-1 \leqq c \leqq 1)$ が存在することを証明せよ．このような点を $f(x)$ の**不動点**という．

ヒント：関数 $g(x) = x - f(x)$ に中間値の定理を適用せよ．

1.3 初等関数

本節で，三角関数の逆関数である逆三角関数を導入する．多項式，有理式，無理関数，指数関数，対数関数，三角関数と逆三角関数をあわせ，これらに四則演算と合成を有限回施して得られる関数を**初等関数**という．

単調関数 区間 I で定義された関数 $f(x)$ が，「$x_1 < x_2$ ならば $f(x_1) < f(x_2)$」を満たすとき $f(x)$ は区間 I で**単調増加**であるという．また，「$x_1 < x_2$ ならば $f(x_1) > f(x_2)$」を満たすとき**単調減少**であるという．単調増加または単調減少のとき**単調**であるという．不等号 $<$ および $>$ を等号を含む不等号 $\leqq$ および $\geqq$ に置き換えた場合，**広義単調増加**および**広義単調減少**という．

> **問1** 次の関数が単調増加であることを示せ．
> (1) $a > 0$ のとき，3 次関数 $f(x) = ax^3$
> (2) $a > 1$ のとき，指数関数 $f(x) = a^x$

写像と逆写像 集合 X の各点からから集合 Y の各点への対応の規則 φ が与えられているとき，$\varphi : X \to Y$ と書き，φ を X から Y への**写像**という．X の異なる任意の2点 $x_1 \neq x_2$ に対して，Y の異なる2点 $\varphi(x_1) \neq \varphi(x_2)$ が対応するとき，φ を**単射**という．Y の任意の点 y に対して，$\varphi(x) = y$ となる X の点 x が存在するとき，φ を**全射**という．全射かつ単射のとき，**全単射**という．いま，φ が全単射とする．このとき，Y の各点に対してもとになる X の点を対応させることにより，Y から X への写像 ψ が定められる．この ψ を φ の**逆写像**といい，$\psi = \varphi^{-1}$ と書く．特に，集合 X, Y がともに数の集合の場合，写像を**関数**といい逆写像を**逆関数**という．

連続関数に関する中間値の定理により，区間で定義された連続かつ単調な関数は連続かつ単調な逆関数をもつ．すなわち，

定理 1.3.1 (逆関数の存在)

関数 $y = f(x)$ が区間 I で連続な単調増加関数とすると，$f(x)$ はある区間 J から区間 I への逆関数を定める．このとき，逆関数 f^{-1} も連続かつ単調増加である．また，単調減少の場合も同様である．

証明　$f(x)$ が単調増加であることから，$f(x)$ は単射である．次に，$f(x)$ の値域における任意の異なる 2 点を $f(x_1) < f(x_2)$ とし，区間 $[x_1, x_2]$ に対して，中間値の定理を適用すると，$f(x_1)$ と $f(x_2)$ の間の点はすべて値域に含まれることが示される．すなわち値域は途切れのない区間 J であり，$f : I \to J$ は全単射となる．したがって，単調増加な逆関数 $f^{-1} : J \to I$ が定まる (図 1.8)．f^{-1} の連続性は f の連続性と ε-δ 論法を用いて示されるが，省略する． ∎

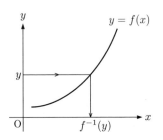

図 **1.8**　単調増加関数と逆関数

指数関数と対数関数　指数関数 $y = a^x$ は，$a > 1$ のとき単調増加，$0 < a < 1$ のとき単調減少である．したがって上記の定理より逆関数が存在する．これを底を a とする対数関数といい $y = \log_a x$ と書く．対数関数も，$a > 1$ のとき単調増加，$0 < a < 1$ のとき単調減少である．底をネイピア数 e としたときの対数関数を**自然対数**と呼び，e を省略して $y = \log x$ と書く．図 1.9 は指数関

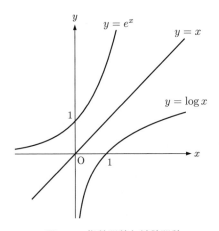

図 **1.9**　指数関数と対数関数

数と対数関数のグラフである．互いに逆関数の関係にあるので，グラフは直線 $y = x$ に関して線対称となっている．

逆三角関数　正弦関数 $\sin x$，余弦関数 $\cos x$，正接関数 $\tan x$ は単調関数ではないので，このままでは逆関数をもたない．そこで，単調関数になるように定義域を制限する．制限された定義域がその逆三角関数の値域となりそれを**主値**という．

◆ $\sin x$ は $\left[-\dfrac{\pi}{2}, \dfrac{\pi}{2}\right]$ で単調増加であるので，定義域をこの区間に制限する．このとき，$\sin x : \left[-\dfrac{\pi}{2}, \dfrac{\pi}{2}\right] \to [-1, 1]$ は全単射となり，逆関数が存在する．これを $y = \sin^{-1} x : [-1, 1] \to \left[-\dfrac{\pi}{2}, \dfrac{\pi}{2}\right]$ と書き，**アークサイン**という．

◆ $\cos x$ は閉区間 $[0, \pi]$ で単調減少であるので，定義域をこの区間に制限する．このとき，$\cos x : [0, \pi] \to [-1, 1]$ は全単射となり，逆関数が存在する．これを $y = \cos^{-1} x : [-1, 1] \to [0, \pi]$ と書き，**アークコサイン**という．

◆ $\tan x$ は開区間 $\left(-\dfrac{\pi}{2}, \dfrac{\pi}{2}\right)$ で単調増加であるので，定義域をこの区間に制限する．このとき，$\tan x : \left(-\dfrac{\pi}{2}, \dfrac{\pi}{2}\right) \to (-\infty, \infty)$ は全単射となり逆関数が存在する．これを $\tan^{-1} x : (-\infty, \infty) \to \left(-\dfrac{\pi}{2}, \dfrac{\pi}{2}\right)$ と書き，**アークタンジェント**という．

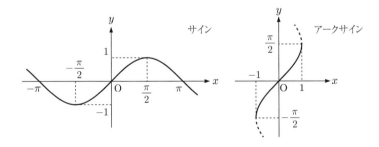

図 1.10　サインとアークサイン

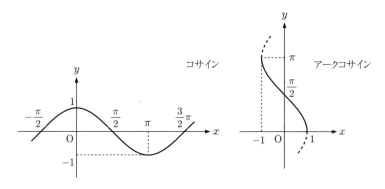

図 **1.11** コサインとアークコサイン

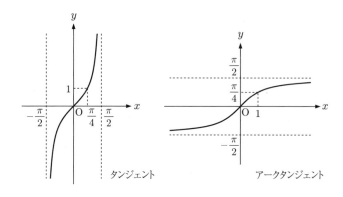

図 **1.12** タンジェントとアークタンジェント

アークサイン，アークコサイン，アークタンジェントについてまとめると，以下のようになる.

逆三角関数	記号	読み	定義域	値域 (主値)
逆正弦関数	$\sin^{-1} x$	アークサイン	$[-1, 1]$	$\left[-\dfrac{\pi}{2}, \dfrac{\pi}{2} \right]$
逆余弦関数	$\cos^{-1} x$	アークコサイン	$[-1, 1]$	$[0, \pi]$
逆正接関数	$\tan^{-1} x$	アークタンジェント	$(-\infty, \infty)$	$\left(-\dfrac{\pi}{2}, \dfrac{\pi}{2} \right)$

例題 1 $\cos^{-1}\left(-\dfrac{1}{2} \right)$ の値を求めよ.

解答 $\theta = \cos^{-1}\left(-\dfrac{1}{2}\right)$ とおくと，$\cos\theta = -\dfrac{1}{2}$ であり，$0 \leqq \theta \leqq \pi$ である．したがって，$\theta = \dfrac{2\pi}{3}$ である．　∎

例題 2 $\sin^{-1} x + \cos^{-1} x = \dfrac{\pi}{2}$ $(-1 \leqq x \leqq 1)$ が成り立つことを証明せよ．

解答 $\theta = \sin^{-1} x$ とおくと，$\sin\theta = x$ であり，$-\dfrac{\pi}{2} \leqq \theta \leqq \dfrac{\pi}{2}$ である．このとき，$x = \sin\theta = \cos\left(\dfrac{\pi}{2} - \theta\right)$ より，$\cos^{-1} x = \dfrac{\pi}{2} - \theta$ である．したがって，$\cos^{-1} x = \dfrac{\pi}{2} - \sin^{-1} x$ より，求める等式を得る．　∎

> **問 2** 次の値を求めよ．
> (1) $\sin^{-1} 1$　(2) $\sin^{-1}\left(-\dfrac{1}{2}\right)$　(3) $\cos^{-1}\dfrac{\sqrt{3}}{2}$　(4) $\tan^{-1}(-1)$

例題 3 方程式 $\sin^{-1} x = \cos^{-1}\dfrac{3}{5}$ を解け．

解答 $\theta = \sin^{-1} x = \cos^{-1}\dfrac{3}{5}$ とおく．$\sin\theta = x$, $\cos\theta = \dfrac{3}{5}$ より，両辺を 2 乗し加えると $1 = x^2 + \dfrac{9}{25}$ となり，$x = \pm\dfrac{4}{5}$ となる．ここで $-\dfrac{\pi}{2} \leqq \theta \leqq \dfrac{\pi}{2}$ と $0 \leqq \theta \leqq \pi$ より，$0 \leqq \theta \leqq \dfrac{\pi}{2}$ であり，$x = \dfrac{4}{5}$ を得る．　∎

関数の極限としての e　ネイピア数 e は有界単調数列 $\left\{\left(1 + \dfrac{1}{n}\right)^n\right\}$ の極限として定義されたが，関数の極限としても次が成り立つ．

$$\lim_{x\to\infty}\left(1 + \frac{1}{x}\right)^x = e \qquad \lim_{x\to-\infty}\left(1 + \frac{1}{x}\right)^x = e$$

上記の 2 つの極限をまとめると，$x \to \pm\infty$ のとき $\dfrac{1}{x} \to 0$ より次が得られる．

$$\lim_{x\to 0}(1 + x)^{\frac{1}{x}} = e \tag{1.2}$$

(1.2) と，指数関数および対数関数が連続であることから次が得られる．

$$\lim_{x\to 0}\frac{\log(1 + x)}{x} = 1 \tag{1.3}$$

$$\lim_{x \to 0} \frac{e^x - 1}{x} = 1 \tag{1.4}$$

(1.3) の証明. $\displaystyle \lim_{x \to 0} \frac{\log(1+x)}{x} = \lim_{x \to 0} \log(1+x)^{\frac{1}{x}} = \log e = 1$

(1.4) の証明. $e^x - 1 = t$ とおくと, $x = \log(t+1)$ であり $x \to 0$ のとき $t \to 0$ である. したがって, $\displaystyle \lim_{x \to 0} \frac{e^x - 1}{x} = \lim_{t \to 0} \frac{t}{\log(t+1)} = 1$.

双曲線関数　指数関数を用いて定義される次の関数を, **双曲線関数**という.

$\sinh x = \dfrac{e^x - e^{-x}}{2}$ 　　双曲正弦関数 (ハイパボリック・サイン)

$\cosh x = \dfrac{e^x + e^{-x}}{2}$ 　　双曲余弦関数 (ハイパボリック・コサイン)

$\tanh x = \dfrac{e^x - e^{-x}}{e^x + e^{-x}}$ 　双曲正接関数 (ハイパボリック・タンジェント)

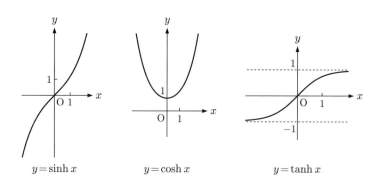

$y = \sinh x$ 　　　　$y = \cosh x$ 　　　　$y = \tanh x$

図 **1.13**　双曲線関数

問題 1.3

1.　次の値を求めよ.

(1) $\sin^{-1}\left(-\dfrac{\sqrt{3}}{2}\right)$ 　　(2) $\cos^{-1}\left(-\dfrac{1}{\sqrt{2}}\right)$ 　　(3) $\tan^{-1}\sqrt{3}$

(4) $\tan^{-1}\left(-\dfrac{\sqrt{3}}{3}\right)$ 　　(5) $\sin^{-1}(-1)$ 　　　(6) $\cos^{-1}\left(-\dfrac{1}{2}\right)$

2. 次の方程式を解け.

(1) $\cos^{-1} x = \tan^{-1} \sqrt{3}$ 　(2) $\cos^{-1} x = \sin^{-1} \dfrac{1}{3} + \sin^{-1} \dfrac{7}{9}$

(2) のヒント：$\alpha = \sin^{-1} \dfrac{1}{3},\ \beta = \sin^{-1} \dfrac{7}{9}$ とおいて $\cos(\alpha + \beta)$ を求める.

3. 次の等式を示せ.

$$\tan^{-1} \frac{1}{2} + \tan^{-1} \frac{1}{3} = \frac{\pi}{4}$$

ヒント：$\alpha = \tan^{-1} \dfrac{1}{2},\ \beta = \tan^{-1} \dfrac{1}{3}$ とおいて $\tan(\alpha + \beta)$ を求める.

4. 双曲線関数について以下を示せ.

(1) $\cosh(-x) = \cosh x$

(2) $\sinh(-x) = -\sinh x$

(3) $\displaystyle \lim_{x \to \infty} \tanh x = 1$

(4) $\displaystyle \lim_{x \to -\infty} \tanh x = -1$

5. 双曲線関数に関する以下の等式を証明せよ.

(1) $\cosh^2 x - \sinh^2 x = 1$

(2) $\cosh(x + y) = \cosh x \cosh y + \sinh x \sinh y$

(3) $\sinh(x + y) = \sinh x \cosh y + \cosh x \sinh y$

6. $y = \sinh x$ は実数全体から実数全体への全単射である. その逆関数は, $y = \log(x + \sqrt{x^2 + 1})$ であることを示せ.

7. 次の関係式を証明せよ.

(1) $\tan^{-1} \sqrt{\dfrac{1+x}{1-x}} = \dfrac{\pi}{4} + \dfrac{1}{2} \sin^{-1} x \quad (-1 \leqq x < 1)$

(2) $\sin^{-1} \sqrt{\dfrac{1+x}{2}} = \dfrac{\pi}{4} + \dfrac{1}{2} \sin^{-1} x \quad (-1 \leqq x \leqq 1)$

三角関数の基本公式

三平方の定理

$$\sin^2 \theta + \cos^2 \theta = 1$$

反転

$$\sin(-\theta) = -\sin \theta, \quad \cos(-\theta) = \cos \theta, \quad \tan(-\theta) = -\tan \theta$$

平行移動 (複号同順)

$$\sin(\theta \pm \pi) = -\sin \theta$$

$$\cos(\theta \pm \pi) = -\cos \theta$$

$$\tan(\theta \pm \pi) = \tan \theta$$

$$\sin\left(\theta \pm \frac{\pi}{2}\right) = \pm \cos \theta$$

$$\cos\left(\theta \pm \frac{\pi}{2}\right) = \mp \sin \theta$$

$$\tan\left(\theta \pm \frac{\pi}{2}\right) = -\frac{1}{\tan \theta}$$

加法定理 (複号同順)

$$\sin(\alpha \pm \beta) = \sin \alpha \cos \beta \pm \cos \alpha \sin \beta$$

$$\cos(\alpha \pm \beta) = \cos \alpha \cos \beta \mp \sin \alpha \sin \beta$$

$$\tan(\alpha \pm \beta) = \frac{\tan \alpha \pm \tan \beta}{1 \mp \tan \alpha \tan \beta}$$

積和の公式

$$\sin \alpha \cos \beta = \frac{1}{2}\{\sin(\alpha + \beta) + \sin(\alpha - \beta)\}$$

$$\sin \alpha \sin \beta = -\frac{1}{2}\{\cos(\alpha + \beta) - \cos(\alpha - \beta)\}$$

$$\cos \alpha \cos \beta = \frac{1}{2}\{\cos(\alpha + \beta) + \cos(\alpha - \beta)\}$$

和積の公式 (積和の公式において $\alpha + \beta = A,\ \alpha - \beta = B$ とおく)

$$\sin A + \sin B = \ \ 2\sin\frac{A+B}{2}\cos\frac{A-B}{2}$$

$$\sin A - \sin B = \ \ 2\sin\frac{A-B}{2}\cos\frac{A+B}{2}$$

$$\cos A + \cos B = \ \ 2\cos\frac{A+B}{2}\cos\frac{A-B}{2}$$

$$\cos A - \cos B = -2\sin\frac{A+B}{2}\sin\frac{A-B}{2}$$

倍角の公式 (加法定理において $\alpha = \beta$ とする)

$$\sin 2\alpha = 2\sin\alpha\cos\alpha$$

$$\cos 2\alpha = \cos^2\alpha - \sin^2\alpha = 2\cos^2\alpha - 1 = 1 - 2\sin^2\alpha$$

$$\cos^2\alpha = \frac{1+\cos 2\alpha}{2}, \quad \sin^2\alpha = \frac{1-\cos 2\alpha}{2}$$

$$\tan 2\alpha = \frac{2\tan\alpha}{1-\tan^2\alpha}$$

半角の公式

$$\sin^2\frac{\alpha}{2} = \frac{1-\cos\alpha}{2}$$

$$\cos^2\frac{\alpha}{2} = \frac{1+\cos\alpha}{2}$$

$$\tan^2\frac{\alpha}{2} = \frac{1-\cos\alpha}{1+\cos\alpha}$$

3倍角の公式

$$\sin 3\alpha = 3\sin\alpha - 4\sin^3\alpha$$

$$\cos 3\alpha = -3\cos\alpha + 4\cos^3\alpha$$

三角関数の合成 ($a \neq 0$ または $b \neq 0$)

$$a\sin\theta + b\cos\theta = \sqrt{a^2+b^2}\sin(\theta+\alpha)$$

ただし, $\sin\alpha = \dfrac{b}{\sqrt{a^2+b^2}}, \quad \cos\alpha = \dfrac{a}{\sqrt{a^2+b^2}}$

第2章

微分

　微分法は，関数の増減や曲線の凹凸など，関数の変化を調べる方法である．微分の定義やその計算法については高等学校で一通りのことを学んでいるが，改めて定義から学び，計算法と理論をしっかりと身につけてほしい．

2.1　微分係数と導関数

微分係数　$f(x)$ を区間 I で定義された関数とする．I 内の点 a に対して，下記の極限 (2.1) が存在するとき，$f(x)$ は $x = a$ で**微分可能**といい，$f'(a)$ を a における**微分係数**という．また，右側極限および左側極限を考える場合は，それぞれ，**右側微分係数**および**左側微分係数**という．$f(x)$ が I のすべての点で微分可能なとき，$f(x)$ は I で微分可能という．

$$f'(a) = \lim_{h \to 0} \frac{f(a+h) - f(a)}{h} \tag{2.1}$$

ここで $a + h = x$ とおくと，$h = x - a$ であり次のように書ける．

$$f'(a) = \lim_{x \to a} \frac{f(x) - f(a)}{x - a} \tag{2.2}$$

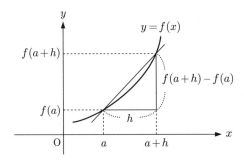

図 **2.1**　平均変化率

上記の (2.1), (2.2) は同値な定義であり，必要に応じて使い分けることになる．ここで (2.1) は，x が a から $a+h$ まで変化するときの，**平均変化率**の極限である．したがって，微分係数は，曲線 $y = f(x)$ 上の点 $(a, f(a))$ における接線の傾きを表している．

定理 2.1.1

関数 $f(x)$ が点 a で微分可能であれば，この点で連続である．

証明

$$\lim_{x \to a}(f(x) - f(a)) = \lim_{x \to a} \frac{f(x) - f(a)}{x - a}(x - a)$$
$$= \lim_{x \to a} \frac{f(x) - f(a)}{x - a} \lim_{x \to a}(x - a) = f'(a) \cdot 0 = 0$$

したがって，$\lim_{x \to a} f(x) = f(a)$ が成り立ち，連続である．

例 1　関数 $f(x) = |x|$ は，$x = 0$ で連続であるが微分可能ではない．

接線と法線　先に述べたように，微分係数 $f'(a)$ は，$y = f(x)$ のグラフ上の点 $(a, f(a))$ における接線の傾きを表す．

したがって，曲線 $y = f(x)$ 上の点 $(a, f(a))$ における**接線**と**法線**の方程式は，以下となる．ここで法線とは，$(a, f(a))$ を通り，接線に直交する直線のことである．

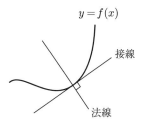

図 2.2　接線と法線

$$接線 : y = f'(a)(x - a) + f(a) \qquad 法線 : y = -\frac{1}{f'(a)}(x - a) + f(a)$$

導関数　関数 $f(x)$ が区間 I で微分可能であるとき，I の各点 x に微分係数 $f'(x)$ を対応させる関数を $f(x)$ の**導関数**という．$f'(x)$ を求めることを $f(x)$ を**微分する**という．$y = f(x)$ の導関数は $f'(x)$ の他に，以下のように表記される．

$$y' \qquad \frac{dy}{dx}, \qquad \frac{df}{dx}, \qquad \frac{d}{dx}f(x)$$

また，微分係数の定義 (2.1) を導関数に当てはめると，下記の定義となる．

$$f'(x) = \lim_{h \to 0} \frac{f(x+h) - f(x)}{h} \tag{2.3}$$

例2 $(x^n)' = nx^{n-1}$ $(n = 0, 1, 2, 3, \cdots)$ である．これは，問題 1.2 の 4(4) における極限 $\lim_{x \to a} \dfrac{x^n - a^n}{x - a} = na^{n-1}$ より従う． ▌

例3 $(\sin x)' = \cos x$ である．導関数の定義に基づいて示すと，以下となる．

$$(\sin x)' = \lim_{h \to 0} \frac{\sin (x+h) - \sin x}{h} = \lim_{h \to 0} \frac{\sin x \cos h + \cos x \sin h - \sin x}{h}$$

$$= \lim_{h \to 0} \left(\sin x \frac{\cos h - 1}{h} + \cos x \frac{\sin h}{h} \right) = \cos x$$

ここで，命題 1.2.3 と問題 1.2 の 3(1) における極限を用いた． ▌

▌**問1** $(\cos x)' = -\sin x$ を示せ．

例4 $(e^x)' = e^x$ である．1.3 節の極限 (1.4) を用いると，以下となる．

$$(e^x)' = \lim_{h \to 0} \frac{e^{x+h} - e^x}{h} = \lim_{h \to 0} e^x \cdot \frac{e^h - 1}{h} = e^x$$ ▌

例5 $(\log x)' = \dfrac{1}{x}$ である．1.3 節の極限 (1.3) を用いると，以下となる．

$$(\log x)' = \lim_{h \to 0} \frac{\log (x+h) - \log x}{h} = \lim_{h \to 0} \frac{\log \left(1 + \frac{h}{x} \right)}{\frac{h}{x}} \cdot \frac{1}{x} = \frac{1}{x}$$ ▌

定理 2.1.2 (四則演算と微分法)

関数 $f(x)$ と $g(x)$ が微分可能ならば，$cf(x)$, $f(x) + g(x)$, $f(x)g(x)$, $\dfrac{f(x)}{g(x)}$ も微分可能であり，次が成り立つ．

(1) $(cf(x))' = cf'(x)$ （ただし c は定数）

(2) $(f(x) + g(x))' = f'(x) + g'(x)$

(3) $(f(x)g(x))' = f'(x)g(x) + f(x)g'(x)$

(4) $\left(\dfrac{f(x)}{g(x)} \right)' = \dfrac{f'(x)g(x) - f(x)g'(x)}{g(x)^2}$ （ただし $g(x) \neq 0$）

証明　(1), (2), (3) は省略する.

(4) の証明. $g(x) \neq 0$ の点 x を考えるので, $g(x)$ の連続性より十分小さい h に対しても $g(x+h) \neq 0$ であるとしてよい. したがって,

$$\left(\frac{f(x)}{g(x)}\right)' = \lim_{h \to 0} \frac{1}{h}\left(\frac{f(x+h)}{g(x+h)} - \frac{f(x)}{g(x)}\right)$$

$$= \lim_{h \to 0} \frac{1}{h} \frac{f(x+h)g(x) - f(x)g(x) + f(x)g(x) - f(x)g(x+h)}{g(x+h)g(x)}$$

$$= \lim_{h \to 0} \left(\frac{(f(x+h) - f(x))g(x)}{h} - \frac{f(x)(g(x+h) - g(x))}{h}\right)\frac{1}{g(x+h)g(x)}$$

$$= \frac{f'(x)g(x) - f(x)g'(x)}{g(x)^2}$$

ここで, $\sin x$, $\cos x$, $\tan x$ の逆数 (逆関数ではない) を考える. これらは, $\operatorname{cosec} x$ (コセカント), $\sec x$ (セカント), $\cot x$ (コタンジェント) と呼ばれる.

$$\frac{1}{\sin x} = \operatorname{cosec} x, \qquad \frac{1}{\cos x} = \sec x, \qquad \frac{1}{\tan x} = \cot x$$

例 6　$(\tan x)' = \sec^2 x$ である. 定理 2.1.2(4) より, 以下となる.

$$(\tan x)' = \left(\frac{\sin x}{\cos x}\right)' = \frac{\cos^2 x + \sin^2 x}{\cos^2 x} = \frac{1}{\cos^2 x} = \sec^2 x$$

定理 2.1.3 (合成関数の微分法)

$f(x)$ と $g(x)$ がともに微分可能で, $f(x)$ の値域が $g(x)$ の定義域に含まれるならば, その合成関数 $g(f(x))$ も微分可能で, 次が成り立つ.

$$(g(f(x)))' = g'(f(x))f'(x)$$

$y = f(x)$, $z = g(y)$ とすると, 次のように書くことができる.

$$\frac{dz}{dx} = \frac{dz}{dy}\frac{dy}{dx}$$

証明　$x = a$ における微分可能性について証明する.

$b = f(a)$ とおくと, $g(y)$ は $y = b$ で微分可能より, $\displaystyle\lim_{y \to b} \frac{g(y) - g(b)}{y - b} = g'(b)$

ここで，

$$h(y) = \frac{g(y) - g(b)}{y - b}, \quad \text{ただし } h(b) = g'(b)$$

とおくと，$h(y)$ は $y = b$ で連続な関数である．

このとき，

$$\frac{g(f(x)) - g(f(a))}{x - a} = \frac{g(y) - g(b)}{x - a} = \frac{h(y)(y - b)}{x - a} = \frac{h(y)(f(x) - f(a))}{x - a}$$

であり，$x \to a$ のとき $y \to b$ より，

$$\left. (g(f(x)))' \right|_{x=a} = \lim_{x \to a} \frac{g(f(x)) - g(f(a))}{x - a} = \lim_{x \to a} \frac{h(y)(f(x) - f(a))}{x - a}$$

$$= h(b) \lim_{x \to a} \frac{f(x) - f(a)}{x - a} = g'(b)f'(a) = g'(f(a))f'(a) \quad \blacksquare$$

問 2　関数 $f(x)$ は微分可能で $f(x) \neq 0$ とする．例 5 と合成関数の微分法を用いて，$(\log |f(x)|)' = \dfrac{f'(x)}{f(x)}$ を示せ．

定理 2.1.4 (逆関数の微分法)

$y = f(x)$ を区間 I で定義された微分可能な単調関数とし，$f'(x) \neq 0$ とする．また，J を $f(x)$ の値域とする．このとき，$f(x)$ の逆関数 $x = f^{-1}(y)$ は区間 J で定義された微分可能な関数であり，次が成り立つ．

$$\frac{dx}{dy} = \left(\frac{dy}{dx} \right)^{-1}$$

証明　$x = a$ とし，$b = f(a)$ における f^{-1} の微分を示す．$f(x)$ の単調性と連続性から，逆関数も連続となり，$y \to b \ (y \neq b)$ のとき $x \to a \ (x \neq a)$ より，

$$(f^{-1}(b))' = \lim_{y \to b} \frac{f^{-1}(y) - f^{-1}(b)}{y - b} = \lim_{x \to a} \frac{x - a}{f(x) - f(a)}$$

$$= \lim_{x \to a} \left(\frac{f(x) - f(a)}{x - a} \right)^{-1} = \frac{1}{f'(a)} \quad \blacksquare$$

例題 1　$(\sin^{-1} x)' = \dfrac{1}{\sqrt{1 - x^2}} \quad (-1 < x < 1)$ を示せ．

解答 $y = \sin^{-1} x$ とおくと $x = \sin y$ は微分可能であり $-\dfrac{\pi}{2} \leqq y \leqq \dfrac{\pi}{2}$ より,

$\dfrac{dx}{dy} = \cos y = \sqrt{1 - \sin^2 y} = \sqrt{1 - x^2}$ となる. したがって, 以下を得る.

$$(\sin^{-1} x)' = \frac{dy}{dx} = \frac{1}{\frac{dx}{dy}} = \frac{1}{\sqrt{1 - x^2}}$$

問 3 $(\cos^{-1} x)' = -\dfrac{1}{\sqrt{1 - x^2}}$ $(-1 < x < 1)$ を示せ.

問 4 $(\tan^{-1} x)' = \dfrac{1}{x^2 + 1}$ を示せ.

対数微分法 $y = x^x \ (x > 0)$ の微分を考える. 両辺の自然対数をとると,

$$\log y = x \log x$$

となる. 両辺を微分すると, 左辺は合成関数の微分法, 右辺は積の微分法を用いて,

$$\frac{y'}{y} = \log x + 1$$

となる. したがって, 次の微分を得る.

$$y' = y(\log x + 1) = x^x(\log x + 1)$$

このように, 両辺の自然対数をとり, 微分してから元に戻すという方法を, **対数微分法**という.

問 5 対数微分法を用いて $(x^\alpha)' = \alpha x^{\alpha - 1}$ $(\alpha$は実数$)$ を示せ.

問題 2.1

1. 次の関数の導関数を求めよ.

(1) $(3x^2 + 4x - 1)^2$

(2) $\sqrt{1 + x^2}$

(3) $\sin(4x^2 - 3)$

(4) $5x^2 e^{3x-1}$

(5) $\tan^{-1} \dfrac{2x}{1 - x^2}$

(6) $\sin^{-1} \dfrac{x}{\sqrt{1 + x^2}}$

(7) $\sinh x$ $\qquad$ (8) $x\sqrt{a^2 - x^2} + a^2 \sin^{-1}\dfrac{x}{a}$ $(a > 0)$

(9) $\tanh x$ $\qquad$ (10) $\dfrac{1}{2a}\log\left|\dfrac{x - a}{x + a}\right|$ $(a > 0)$

(11) $\sin^{-1}\dfrac{e^x - e^{-x}}{e^x + e^{-x}}$ $\qquad$ (12) $\log\sqrt{\dfrac{1 - \sin x}{1 + \sin x}}$

(13) $(\sin x)^{\cos x}$ $\qquad$ (14) $\dfrac{(x + 1)^2(x + 2)^3}{(x + 3)^4}$

ヒント：(13), (14) は対数微分法を用いる.

2. $f(x), g(x), h(x)$ が微分可能で，$f(x)g(x)h(x) \neq 0$ とする. このとき，次を示せ.

$$\frac{(f(x)g(x)h(x))'}{f(x)g(x)h(x)} = \frac{f'(x)}{f(x)} + \frac{g'(x)}{g(x)} + \frac{h'(x)}{h(x)}$$

3. 問題 1.3 の 6 より，$\sinh^{-1} x = \log\left(x + \sqrt{x^2 + 1}\right)$ である.

(1) $\left(\log\left(x + \sqrt{x^2 + 1}\right)\right)'$ を求めよ.

(2) $y = \sinh^{-1} x$ とおき，逆関数の微分法を用いて y' を求めよ.

4. 次の各曲線上の与えられた点における接線と法線の方程式を求めよ.

(1) $y = x^3$ $(1, 1)$ $\qquad$ (2) $y = \sqrt{x}$ $(4, 2)$

(3) $y = \sin x^2$ $(\sqrt{\pi}, 0)$ $\qquad$ (4) $y = \log x$ $(e^2, 2)$

5. 次の各曲線上の点 (x_0, y_0) における接線の方程式を求めよ.

(1) $y^2 = 4px$ $(p > 0)$ $\qquad$ (2) $\dfrac{x^2}{a^2} + \dfrac{y^2}{b^2} = 1$ $(a > 0,\ b > 0)$

導関数の基本公式

$(x^{\alpha})' = \alpha x^{\alpha-1} \quad (\alpha$ は実数$)$

$(\sqrt{x})' = \dfrac{1}{2\sqrt{x}}$

$\left(\dfrac{1}{x}\right)' = -\dfrac{1}{x^2}$

$(e^x)' = e^x$

$(a^x)' = (\log a)a^x \quad (a > 0)$

$(\log |x|)' = \dfrac{1}{x}$

$(\sin x)' = \cos x$

$(\cos x)' = -\sin x$

$(\tan x)' = \dfrac{1}{\cos^2 x} = \sec^2 x$

$(\sin^{-1} x)' = \dfrac{1}{\sqrt{1-x^2}}$

$(\cos^{-1} x)' = -\dfrac{1}{\sqrt{1-x^2}}$

$(\tan^{-1} x)' = \dfrac{1}{x^2+1}$

2.2　平均値の定理

極値　関数 $f(x)$ が点 c で**極大**であるとは，
c に十分近いすべての点 $x \neq c$ で $f(x) < f(c)$
が成り立つことをいう．このとき，$f(c)$ を
$f(x)$ の**極大値**という．不等号の向きを逆に
することにより，**極小**および**極小値**も同様に
定義される．極大値と極小値をあわせて**極
値**という．

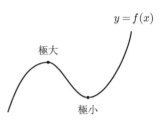

図 **2.3**　極大・極小

定理 2.2.1 (極値の必要条件)

微分可能な関数 $f(x)$ が $x = c$ で極値をとるならば，$f'(c) = 0$ である．

証明　$f(x)$ が $x = c$ で極大とする．このとき，$f(c+h) - f(c) < 0$ である．点 c における右側微分係数および左側微分係数を考えると，

$$\text{右側微分係数}: \lim_{h \to +0} \frac{f(c+h) - f(c)}{h} \leqq 0$$

$$\text{左側微分係数}: \lim_{h \to -0} \frac{f(c+h) - f(c)}{h} \geqq 0$$

より，$f'(c) = 0$ である．極小の場合も，不等号の向きが逆になるが，同様に $f'(c) = 0$
である．∎

問 1　上の定理の逆は成り立たないことを，定数関数以外の例で示せ．

次に述べるロルの定理は，平均値の定理をはじめとする微分法の重要な定理
を導くものである．

定理 2.2.2 (ロルの定理)

関数 $f(x)$ は閉区間 $[a,b]$ で連続で，開区間 (a,b) で微分可能とする．
$f(a) = f(b)$ ならば $f'(c) = 0$ となる点 $c\ (a < c < b)$ が存在する．

証明　定理 1.2.6 より，$f(x)$ は $[a,b]$ で最大値および最小値をもつ．最大値が $f(a) = f(b)$ と一致しなければ，最大値を与える x の値が求める c となる．また，最小値が $f(a) = f(b)$ と一致しなければ，最小値を与える x の値が求める c となる．最後に，$f(x)$ の $[a,b]$ における最大値と最小値がともに $f(a) = f(b)$ と一致すれば，$f(x)$ は

定数より，定理が成り立つ．

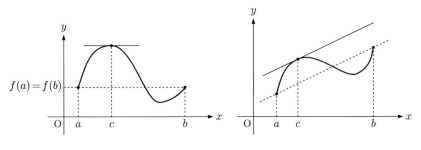

図 **2.4** ロルの定理　　　　図 **2.5** 平均値の定理

定理 2.2.3 (平均値の定理)

関数 $f(x)$ は閉区間 $[a,b]$ で連続で，開区間 (a,b) で微分可能とする．このとき，次の等式を満たす点 c $(a < c < b)$ が存在する．

$$\frac{f(b) - f(a)}{b - a} = f'(c)$$

証明　$F(x) = f(x) - f(a) - \dfrac{f(b) - f(a)}{b - a}(x - a)$ とおく．このとき，$F(a) = F(b) = 0$ より，$F(x)$ はロルの定理の仮定を満たし，$F'(c) = 0$ となる c $(a < c < b)$ が存在する．

$F'(x) = f'(x) - \dfrac{f(b) - f(a)}{b - a}$ より，$F'(c) = f'(c) - \dfrac{f(b) - f(a)}{b - a} = 0$ から，定理の結論を得る．

定理 2.2.4

関数 $f(x)$ が開区間 I で微分可能であり，つねに $f'(x) = 0$ ならば，$f(x)$ は定数である．

証明　a, b を I 内の任意の 2 点とする $(a < b)$．このとき，閉区間 $[a, b]$ に平均値の定理を適用することにより $f(a) = f(b)$ を得る．したがって，すべての点の値が一致することより，$f(x)$ は定数である．

> **定理 2.2.5**
>
> 関数 $f(x)$ は開区間 I で微分可能とする.
>
> (1) I で $f'(x) > 0$ ならば, $f(x)$ は単調増加である.
>
> (2) I で $f'(x) < 0$ ならば, $f(x)$ は単調減少である.
>
> (3) 不等号を $\geqq$ または $\leqq$ とした場合は, 広義の単調増加または広義の単調減少である.

証明 (1) を示す. $f'(x) > 0$ とする. I 内の任意の 2 点 x_1, x_2 $(x_1 < x_2)$ に対して, 区間 $[x_1, x_2]$ に平均値の定理を適用すると, 次の等式が成り立つ点 c $(x_1 < c < x_2)$ が存在する.

$$\frac{f(x_2) - f(x_1)}{x_2 - x_1} = f'(c)$$

ここで, $x_2 - x_1 > 0$, $f'(c) > 0$ より. $f(x_2) - f(x_1) > 0$. すなわち, 単調増加である. (2) も同様である. ∎

例題 1 $2\sqrt{x} > \log x$ $(x > 0)$ を示せ.

解答 $f(x) = 2\sqrt{x} - \log x$ とおく. このとき, $f'(x) = \dfrac{1}{\sqrt{x}} - \dfrac{1}{x} = \dfrac{\sqrt{x} - 1}{x}$ より, $x = 1$ のとき $f'(x) = 0$ となり, $f(x)$ は $x = 1$ で最小値をとる. したがって, $2\sqrt{x} - \log x \geqq f(1) = 2 > 0$ より, 求める不等式を得る. ∎

> **問 2** 例題 1 の不等式を用いて次を示せ.
> $$\lim_{x \to \infty} \frac{\log x}{x} = 0$$

> **定理 2.2.6** (コーシーの平均値の定理)
>
> 関数 $f(x), g(x)$ は閉区間 $[a, b]$ で連続で, 開区間 (a, b) で微分可能とし, $g'(x) \neq 0$ とする. このとき, $g(a) \neq g(b)$ であり, 次の等式を満たす点 c $(a < c < b)$ が存在する.
> $$\frac{f(b) - f(a)}{g(b) - g(a)} = \frac{f'(c)}{g'(c)}$$

証明 $g'(x) \neq 0$ より, ロルの定理から $g(a) \neq g(b)$ である. そこで, $F(x) = f(x) - f(a) - \dfrac{f(b) - f(a)}{g(b) - g(a)}(g(x) - g(a))$ とおく. このとき, $F(x)$ はロルの定理の仮定を満たし, $F'(c) = 0$ となる $c\,(a < c < b)$ が存在する. $F'(x) = f'(x) - \dfrac{f(b) - f(a)}{g(b) - g(a)}g'(x)$ より, $F'(c) = f'(c) - \dfrac{f(b) - f(a)}{g(b) - g(a)}g'(c) = 0$ から, 定理の結論を得る. ∎

　平均値の定理もコーシーの平均値の定理も, ともにロルの定理から得られるが, そのロルの定理は定理 1.2.6 から導かれており, すべては実数の連続性に根ざしている. ここで, コーシーの平均値の定理を用いると, 次のロピタルの定理が得られる. これは, 不定形の極限を求める上で, 極めて有効である.

定理 2.2.7 (ロピタルの定理)

関数 $f(x), g(x)$ は点 a の近くで定義されていて, 微分可能とし, $\lim\limits_{x \to a} f(x) = 0$ かつ $\lim\limits_{x \to a} g(x) = 0$ で, $\lim\limits_{x \to a} \dfrac{f'(x)}{g'(x)}$ が存在するとする. このとき, $\lim\limits_{x \to a} \dfrac{f(x)}{g(x)}$ も存在し, 次が成り立つ.

$$\lim_{x \to a} \frac{f(x)}{g(x)} = \lim_{x \to a} \frac{f'(x)}{g'(x)}$$

証明 $f(a) = g(a) = 0$ と定めると $f(x), g(x)$ はともに点 a で連続である. a に近い $x \neq a$ に対してコーシーの平均値の定理を適用すると,

$$\frac{f(x)}{g(x)} = \frac{f(x) - f(a)}{g(x) - g(a)} = \frac{f'(c)}{g'(c)}$$

を満たす c が x と a の間に存在する. この式において $x \to a$ とすると, $c \to a$ となり, $\dfrac{f'(c)}{g'(c)}$ は $\lim\limits_{x \to a} \dfrac{f'(x)}{g'(x)}$ に収束する. このとき, $\dfrac{f(x)}{g(x)}$ も同じ値に収束し, 定理の結論を得る. ∎

注意　上記のロピタルの定理は $\dfrac{0}{0}$ 型の不定形の極限について示しているが, $\dfrac{\infty}{\infty}$ 型の不定形に対しても同様の定理が成り立ち, この場合もロピタルの定理と呼ぶ. また, $x \to a$ という極限について考察しているが, $x \to \infty$, $x \to -\infty$ についても同様である.

例題2　次の極限を求めよ.

$$\lim_{x \to 0} \frac{e^x - 1 - x}{x^2}$$

解答　この極限は $\dfrac{0}{0}$ 型の不定形よりロピタルの定理が適用できる. このとき, 再び不定形になるので, もう一度適用して極限を得る.

$$\lim_{x \to 0} \frac{e^x - 1 - x}{x^2} = \lim_{x \to 0} \frac{e^x - 1}{2x} = \lim_{x \to 0} \frac{e^x}{2} = \frac{1}{2}$$

例題3　次の等式を示せ.

$$\lim_{x \to +0} x \log x = 0$$

解答　この極限は下記のように分数の形にすると, $\dfrac{\infty}{\infty}$ 型の不定形となるので, ロピタルの定理を適用して極限を得る.

$$\lim_{x \to +0} x \log x = \lim_{x \to +0} \frac{\log x}{\frac{1}{x}} = \lim_{x \to +0} \frac{\frac{1}{x}}{-\frac{1}{x^2}} = \lim_{x \to +0} (-x) = 0$$

例1　例題3の極限から, 次の極限を得る.

$$\lim_{x \to +0} x^x = 1$$

問3　次の極限を求めよ.

(1) $\displaystyle\lim_{x \to 0} \frac{e^{5x} - e^{2x}}{x}$　　(2) $\displaystyle\lim_{x \to \infty} \frac{x^3}{e^x}$　　(3) $\displaystyle\lim_{x \to \infty} x\left(\tan^{-1} x - \frac{\pi}{2}\right)$

パラメータ表示された関数の微分　変数 x および y が, ある区間 I において変数 t の連続関数として, 下記のように表現されているとする.

$$x = f(t), \ y = g(t)$$

このとき, t が I を変動することにより, (x, y) はある曲線 C を描く. これを曲線 C の**パラメータ表示**という.

例2　$x = \cos t, \ y = \sin t$ とすると, C は原点を中心とする半径1の円である.

例3　$x = a(t - \sin t), \ y = a(1 - \cos t) \ (a > 0)$ とすると, C は図2.6の曲線である. これを**サイクロイド**という.

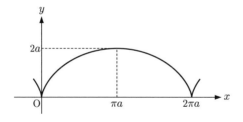

図 **2.6** サイクロイド

さて，パラメータ表示された曲線は，変数 y を x の関数と見なせるのであろうか．また，その微分はどのように表現されるのであろうか．それが，次の定理である．

定理 2.2.8（パラメータ表示の微分法）

$x = f(t)$, $y = g(t)$ をともに微分可能とし，$f'(t)$ は連続とする．区間 I で $f'(t) \neq 0$ ならば，y は x の関数となり，微分は次の式で与えられる．

$$\frac{dy}{dx} = \frac{dy}{dt} \bigg/ \frac{dx}{dt}$$

証明 $f'(t)$ の連続性と $f'(t) \neq 0$ および定理 2.2.5 より，$x = f(t)$ は I で単調関数である．このとき定理 2.1.4 より，逆関数 $t = f^{-1}(x)$ をもち，その微分は $\dfrac{dt}{dx} = 1 \bigg/ \dfrac{dx}{dt}$ である．したがって，$y = g(t) = g(f^{-1}(x))$ であり，定理 2.1.3 から $\dfrac{dy}{dx} = \dfrac{dy}{dt} \dfrac{dt}{dx} = \dfrac{dy}{dt} \bigg/ \dfrac{dx}{dt}$ である． ∎

例 4 例 3 で紹介したサイクロイドは，$\dfrac{dx}{dt} = a(1 - \cos t)$, $\dfrac{dy}{dt} = a \sin t$ である．$\dfrac{dx}{dt} = 0$ とすると，$t = 2n\pi$ （n は整数）である．したがって，$x = 2n\pi a$ 以外の点で微分可能であり，$\dfrac{dy}{dx} = \dfrac{\sin t}{1 - \cos t}$ である． ∎

問 4 $t = \dfrac{\pi}{2}$ に対応するサイクロイド上の点における接線の方程式を求めよ．

問題 2.2

1. 次の不等式を証明せよ.

(1) $e^x \geqq x + 1$　　　(2) $\dfrac{x}{1 + x^2} \leqq \tan^{-1} x$　$(0 \leqq x)$

(3) $\sin x + \tan x > 2x$　$\left(0 < x < \dfrac{\pi}{2}\right)$

2. 次の極限を求めよ.

(1) $\displaystyle\lim_{x \to 0} \dfrac{x - \sin x}{x^3}$

(2) $\displaystyle\lim_{x \to 0} \dfrac{e^{4x} - e^x - 3x}{x^2}$

(3) $\displaystyle\lim_{x \to 0} \dfrac{a^x - b^x}{x}$　$(a > 0, b > 0)$

(4) $\displaystyle\lim_{x \to 0} \dfrac{e^x + e^{-x} - 2}{1 - \cos x}$

(5) $\displaystyle\lim_{x \to 1} \left(\dfrac{x}{x - 1} - \dfrac{1}{\log x}\right)$

(6) $\displaystyle\lim_{x \to +0} (\sin x)^x$　（対数をとる）

(7) $\displaystyle\lim_{x \to \infty} x(e^{\frac{1}{x}} - 1)$

(8) $\displaystyle\lim_{x \to \infty} \dfrac{x^3}{a^x}$　$(a > 1)$

(9) $\displaystyle\lim_{x \to \infty} \left(\dfrac{x + 1}{x - 1}\right)^x$

(10) $\displaystyle\lim_{x \to \infty} x \log \dfrac{x + a}{x - a}$　$(a > 0)$

3. パラメータ表示された次の曲線の, 与えられた曲線上の点における接線の方程式を求めよ.

(1) $x = t^2 + 1$, $y = e^t$, $(2, e)$

(2) $x = \log (t^2 + 1)$, $y = \tan^{-1} t$, $\left(\log 2, \dfrac{\pi}{4}\right)$

4. 関数 $f(x) = \dfrac{\log x}{x}$ $(x > 0)$ の最大値を求めよ. また, その結果を利用して e^π と π^e の大きさを比較せよ.

2.3 高次導関数

関数 $f(x)$ の導関数 $f'(x)$ が微分可能であるとき，$f(x)$ は 2 回微分可能であるという．$\dfrac{d}{dx}f'(x)$ を $f''(x)$ と書き $f(x)$ の 2 次導関数，または 2 階導関数という．同様に，3 次以上の導関数も定義される．2 次以上の導関数は**高次導関数**あるいは**高階導関数**と呼ばれる．一般に自然数 n に対して $y = f(x)$ の n 次導関数は次のような記号で表される．

$$y^{(n)}, \quad f^{(n)}(x), \quad \frac{d^n y}{dx^n}, \quad \frac{d^n f}{dx^n}, \quad \frac{d^n}{dx^n}f(x)$$

また，$f^{(0)}(x) = f(x)$ と定める．

例 1　多項式の n 次導関数について，次が成り立つ．

$$(x^m)^{(n)} = \begin{cases} m(m-1)(m-2)\cdots(m-n+1)x^{m-n} & (n \leqq m) \\ 0 & (n > m) \end{cases}$$

例 2　指数関数の n 次導関数について，次が成り立つ．

$$(e^x)^{(n)} = e^x, \quad (a^x)^{(n)} = (\log a)^n a^x \quad (a > 0)$$

例 3　三角関数の n 次導関数，

$$(\sin x)' = \cos x = \sin\left(x + \frac{\pi}{2}\right)$$

$$(\sin x)'' = \left(\sin\left(x + \frac{\pi}{2}\right)\right)' = \cos\left(x + \frac{\pi}{2}\right) = \sin\left(x + \frac{2\pi}{2}\right)$$

$$(\sin x)''' = \left(\sin\left(x + \frac{2\pi}{2}\right)\right)' = \cos\left(x + \frac{2\pi}{2}\right) = \sin\left(x + \frac{3\pi}{2}\right)$$

これを繰り返して，帰納的に次を得る．

$$(\sin x)^{(n)} = \sin\left(x + \frac{n\pi}{2}\right), \quad (\cos x)^{(n)} = \cos\left(x + \frac{n\pi}{2}\right)$$

ここで，$\cos x$ については，$\cos x = \sin\left(x + \dfrac{\pi}{2}\right)$ に注意せよ．

ライプニッツの公式　積の形をした関数の n 次導関数については，二項定理と類似の等式が成り立つ．これは積の微分法の一般化である．証明は省略する

が，二項定理と同様に，数学的帰納法で示すことができる．ここで，**二項定理**と**二項係数**は，定理 1.1.3 の証明で紹介したが，再掲する．

$$(a + b)^n = \sum_{r=0}^{n} {}_n\mathrm{C}_r\, a^{n-r}b^r \qquad {}_n\mathrm{C}_r = \frac{n!}{r!(n-r)!}$$

定理 2.3.1 (ライプニッツの公式)

$f(x), g(x)$ が n 回微分可能な関数であるとき，次の等式が成り立つ．

$$(f(x)g(x))^{(n)} = \sum_{r=0}^{n} {}_n\mathrm{C}_r f^{(n-r)}(x)g^{(r)}(x)$$

例 4　$y = x^2 e^x$ の n 次導関数 $y^{(n)}$ を求める．

$$y^{(n)} = (x^2 e^x)^{(n)} = \sum_{r=0}^{n} {}_n\mathrm{C}_r (x^2)^{(n-r)}(e^x)^{(r)}$$

$$= {}_n\mathrm{C}_{n-2}(x^2)^{(2)}(e^x)^{(n-2)} + {}_n\mathrm{C}_{n-1}(x^2)^{(1)}(e^x)^{(n-1)} + {}_n\mathrm{C}_n(x^2)^{(0)}(e^x)^{(n)}$$

$$= n(n-1)e^x + 2nxe^x + x^2 e^x = (x^2 + 2nx + n(n-1))e^x \qquad ∎$$

問 1　$y = x\sin x$ に対して，ライプニッツの公式を用い，$y^{(n)}$ を求めよ．

C^n 級の関数　関数 $f(x)$ が n 回微分可能で $f^{(n)}(x)$ が連続のとき，$f(x)$ は **n 回連続微分可能**という．このとき $f(x)$ は C^n 級であるという．また，何回でも微分できる関数を**無限回微分可能**な関数，または C^∞ 級の関数という．上の例で取り上げた関数はすべて C^∞ 級である．

例 5　$f(x) = x|x|$ は，C^1 級であるが C^2 級ではない関数の例である．

なぜなら，$x \geqq 0$ のとき $f(x) = x^2$ より，$f'(x) = 2x = 2|x|$．$x \leqq 0$ のとき $f(x) = -x^2$ より，$f'(x) = -2x = 2|x|$．

したがって，$f'(x) = 2|x|$ となり，2.1 節の例 1 から $f'(x)$ は微分不可能．　∎

関数の凸性　$f(x)$ をある区間 I で定義された微分可能な関数とする．曲線 $y = f(x)$ 上の点 P における接線が，P の近くで P 以外では曲線より下にあるとき，曲線 $y = f(x)$ は点 P で**下に凸**という．接線が上にあるときは，点 P

で上に凸という. 区間 I 内のすべての点で下に凸であるとき, $f(x)$ は I で下に凸という. 上に凸の場合も同様である.

下に凸　　　　　　上に凸

図 **2.7**

定理 2.3.2

関数 $f(x)$ が開区間 I で C^2 級とし, a を I 内の点とする.

(1) $f''(a) > 0$ ならば曲線 $y = f(x)$ は点 $P(a, f(a))$ で下に凸である.

(2) $f''(a) < 0$ ならば曲線 $y = f(x)$ は点 $P(a, f(a))$ で上に凸である.

証明　(1) を示す. 曲線 $y = f(x)$ 上の点 P における接線の方程式は, 次式である.
$$y = f'(a)(x - a) + f(a)$$
関数 $f(x)$ から接線の値を引いた関数を, 次のように $g(x)$ とおく.
$$g(x) = f(x) - f'(a)(x - a) - f(a)$$
曲線が点 P で下に凸とは, 点 P の近くで, $g(x) > 0$ $(x \neq a)$ となることである. ここで, $g'(x) = f'(x) - f'(a)$, $g''(x) = f''(x)$ より, $g(a) = g'(a) = 0$ かつ $g''(a) > 0$ である.

$g''(x)$ は連続より, a の近くでは $g''(x) > 0$ となる. すなわち, $g'(x)$ は増加関数であり, $g'(x)$ の符号は, a の前後で, 負から正へと変化する. したがって, $g(x)$ は a の前後で減少から増加へと変化し, $g(x)$ は $x = a$ で極小である. ここで $g(a) = 0$ に注意すると, a 以外では $g(x) > 0$ であり, 点 P で下に凸であることが示された. (2) も同様である. ∎

問 2　$f(x) = e^x$ は下に凸な関数であり, $g(x) = \log x$ は上に凸な関数であることを示せ.

定理 2.3.2 における関数 $f(x)$ の凸性に関する考察により, 極値の判定について次が成り立つ.

定理 2.3.3 (極値の判定)

関数 $f(x)$ は C^2 級で $f'(a) = 0$ であるとする. このとき,

(1) $f''(a) > 0$ であれば $x = a$ で $f(x)$ は極小である.

(2) $f''(a) < 0$ であれば $x = a$ で $f(x)$ は極大である.

注意 $f''(a) = 0$ のときはさらに高次の微分を調べる必要がある (定理 2.4.5).

変曲点 $f(x)$ を点 a の近くで定義された C^2 級の関数とする. 点 a で関数が下に凸から上に凸に, または上に凸から下に凸に変わるとき, 点 $(a, f(a))$ を曲線 $y = f(x)$ の**変曲点**という. これまでの議論により, 変曲点において $f''(a) = 0$ であり, 2次導関数 $f''(x)$ は a の前後で符号が変化する.

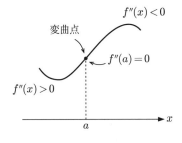

図 2.8 変曲点

問 3 $y = e^{-\frac{x^2}{2}}$ のグラフの概形を, 極値と変曲点に注意して描け.

ニュートン近似法 ニュートン近似法とは, 関数 $f(x)$ の凸性を利用して, 方程式 $f(x) = 0$ の解を近似的に求める方法である.

いま, $f(x)$ は a, b $(a < b)$ を含むある開区間で定義された C^2 級関数とし, 次の条件を満たすとする.

$$f(a) < 0, \ f(b) > 0, \ f'(x) > 0, \ f''(x) > 0$$

このとき次が成り立つ.

定理 2.3.4 (ニュートン近似法)

方程式 $f(x) = 0$ は開区間 (a, b) において，ただ 1 つの解 α をもつ．
また，次で定義される数列 $\{c_n\}$ は単調減少で α に収束する．

$$c_1 = b, \quad c_{n+1} = c_n - \frac{f(c_n)}{f'(c_n)} \quad (n = 1, 2, 3, \cdots)$$

証明　関数 $f(x)$ は単調増加であり，区間 $[a, b]$ において中間値の定理を用いると，$f(x) = 0$ となる値がただ 1 つ存在し，それを α とおく．

$c_1 = b$ とすると，曲線 $y = f(x)$ 上の点 $(c_1, f(c_1))$ における接線の方程式は，

$$y = f(c_1) + f'(c_1)(x - c_1)$$

である．$f''(x) > 0$ より，$f(x)$ は下に凸であり，曲線 C はこの接線の上方にあるので，特に，$x = \alpha$ において，不等式

$$0 > f(c_1) + f'(c_1)(\alpha - c_1)$$

が成り立つ．これを α について解くと，$c_1 - \dfrac{f(c_1)}{f'(c_1)} > \alpha$ を得る．この左辺は上記の接線が x 軸と交わる点の座標である．そこで，c_2 を次のように定めると，$c_1 > c_2 > \alpha$ が得られる．

$$c_2 = c_1 - \frac{f(c_1)}{f'(c_1)}$$

次に，点 $(c_2, f(c_2))$ における接線を考え，同様のことを行う．

この繰り返しにより，数列 $c_1 > c_2 > \cdots > c_n > \cdots > \alpha$ が得られる．

この数列は下に有界な単調減少数列であることから，ある値 β に収束する．

漸化式 $c_{n+1} = c_n - \dfrac{f(c_n)}{f'(c_n)}$ において $n \to \infty$ とすると，$\beta = \beta - \dfrac{f(\beta)}{f'(\beta)}$ となり，$f(\beta) = 0$ を得る．方程式 $f(x) = 0$ の区間 $[a, b]$ における解はただ 1 つであることから，$\alpha = \beta$ であり，定理が示された．

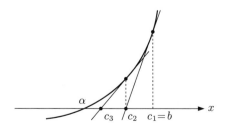

図 2.9　ニュートン近似法

例題 1　$\sqrt{2}$ の近似値を，$x^2 - 2 = 0$ の区間 $[1,2]$ における解として，ニュートン近似法の第 4 項まで求めよ．

解答　$f(x) = x^2 - 2$ とする．区間 $[1,2]$ において $f(x)$ は単調増加で下に凸である．また，$f(1) = -1 < 0 < 2 = f(2)$ である．したがって，

$$c_1 = 2, \quad c_{n+1} = c_n - \frac{c_n^2 - 2}{2c_n} = \frac{1}{2}\left(c_n + \frac{2}{c_n}\right) \quad (n = 1, 2, 3, \cdots)$$

で定義される数列は $\sqrt{2}$ に収束する．$c_2 = \dfrac{3}{2}$, $c_3 = \dfrac{17}{12}$, $c_4 = \dfrac{577}{408}$ であり，$c_4 = 1.4142156\cdots$ である．

問 4　$\sqrt{3}$ の近似値を，$x^2 - 3 = 0$ の区間 $[1,2]$ における解として，ニュートン近似法の第 3 項まで求めよ．

問題 2.3

1. 次の関数の n 次導関数を求めよ．

　(1) $y = \dfrac{1}{x - a}$ (a：定数)　　(2) $y = \dfrac{1}{x^2 - 1}$　　(3) $y = \sin(3x + 1)$

2. 次の関数の n 次導関数を求めよ．

　(1) $y = x^2 e^{2x}$　　(2) $y = x \log x$　　(3) $y = x^2 \cos x$

3. 次の関数の極値，変曲点を調べ，グラフの概形を描け．

　(1) $y = xe^{-x}$　　(2) $y = \dfrac{4x}{x^2 + 4}$　　(3) $y = x^2 \log x$　$(x > 0)$

4. 次の方程式において，与えられた区間に含まれる解の近似値を，ニュートン近似法の第 3 項まで求めよ．

　(1) $x^2 - 5 = 0$　$[2,3]$　　　(2) $x^2 - x - 1 = 0$　$[1,2]$

5. $f(x) = \tan^{-1} x$ の $x = 0$ における n 次微分係数 $f^{(n)}(0)$ の値を，以下の手順に従って求めよ．

　(1) $(x^2 + 1)f'(x) = 1$ を示せ．

　(2) (1) の等式の両辺を n 回微分することにより，次の等式を示せ．

$$\left(x^2 + 1\right)f^{(n+1)}(x) + 2nxf^{(n)}(x) + n(n-1)f^{(n-1)}(x) = 0$$

　(3) $f^{(2m)}(0) = 0$, $f^{(2m+1)}(0) = (-1)^m(2m)!$ を示せ．

2.4 テイラーの定理

平均値の定理を高階微分の場合に拡張する．次の定理で $n = 1$ の場合が平均値の定理にあたる．**テイラーの定理**もロルの定理を用いて証明される．

定理 2.4.1 (テイラーの定理)

関数 $f(x)$ が開区間 I で定義され，n 回微分可能であるとする．I 内の任意の 2 点 a, b $(a < b)$ に対して，次の等式を満たす点 c $(a < c < b)$ が存在する．

$$f(b) = f(a) + \sum_{k=1}^{n-1} \frac{f^{(k)}(a)}{k!}(b-a)^k + \frac{f^{(n)}(c)}{n!}(b-a)^n$$

証明　定数 A を次の等式が成り立つように定める．

$$f(b) - f(a) - \sum_{k=1}^{n-1} \frac{f^{(k)}(a)}{k!}(b-a)^k = \frac{A}{n!}(b-a)^n \tag{2.4}$$

次に，関数 $F(x)$ を次の式で定める．

$$F(x) = f(b) - f(x) - \sum_{k=1}^{n-1} \frac{f^{(k)}(x)}{k!}(b-x)^k - \frac{A}{n!}(b-x)^n$$

A の定め方から $F(a) = 0$ であり，また $F(b) = 0$ であるのでロルの定理により $F'(c) = 0$ となる点 c $(a < c < b)$ が存在する．$F'(x)$ を計算すると，

$$F'(x) = -f'(x) - \sum_{k=1}^{n-1} \frac{f^{(k+1)}(x)}{k!}(b-x)^k + \sum_{k=1}^{n-1} \frac{f^{(k)}(x)}{(k-1)!}(b-x)^{k-1}$$

$$+ \frac{A}{(n-1)!}(b-x)^{n-1}$$

$$= -f'(x) - \frac{f^{(n)}(x)}{(n-1)!}(b-x)^{n-1} + f'(x) + \frac{A}{(n-1)!}(b-x)^{n-1}$$

$$= -\frac{f^{(n)}(x)}{(n-1)!}(b-x)^{n-1} + \frac{A}{(n-1)!}(b-x)^{n-1}$$

より，$A = f^{(n)}(c)$ である．これを (2.4) に代入して，求める等式を得る．

テイラーの定理における c は，$c = a + \theta(b-a)$ $(0 < \theta < 1)$ と書き換えても同じであり，$a > b$ の場合でも成り立つ．このとき，$b = x$ として次の表現を得る．ここで R_n は，**剰余項**または**剰余**と呼ばれる最終項である．

定理 2.4.2 (テイラーの定理)

関数 $f(x)$ が開区間 I で定義され，n 回微分可能であるとする．I の任意の 2 点 a, x に対して，次の等式を満たす θ $(0 < \theta < 1)$ が存在する．

$$f(x) = f(a) + \frac{f'(a)}{1!}(x-a) + \frac{f''(a)}{2!}(x-a)^2 + \cdots$$
$$\cdots + \frac{f^{(n-1)}(a)}{(n-1)!}(x-a)^{n-1} + R_n$$

$$ただし \quad R_n = \frac{f^{(n)}(a + \theta(x-a))}{n!}(x-a)^n$$

この表現は，$f(x)$ を $x = a$ を中心として表したものであるが，特に，$a = 0$ の場合は，マクローリンの定理と呼ばれる．

定理 2.4.3 (マクローリンの定理)

関数 $f(x)$ が 0 を含む開区間 I で定義され，n 回微分可能であるとする．このとき，$x \in I$ に対して，次の等式を満たす θ $(0 < \theta < 1)$ が存在する．

$$f(x) = f(0) + \frac{f'(0)}{1!}x + \frac{f''(0)}{2!}x^2 + \cdots + \frac{f^{(n-1)}(0)}{(n-1)!}x^{n-1} + R_n$$

$$ただし \quad R_n = \frac{f^{(n)}(\theta x)}{n!}x^n$$

例 1 $f(x) = e^x$ とおくと，$f'(x) = e^x, f''(x) = e^x, \cdots, f^{(n)}(x) = e^x$ より，$f(0) = f'(0) = \cdots = f^{n-1}(0) = 1$ である．したがって，定理 2.4.3 を適用して次の (1) を得る．$\sin x, \cos x, \log(1+x), (1+x)^\alpha$ についても同様である．

(1) $e^x = 1 + \dfrac{x}{1!} + \dfrac{x^2}{2!} + \cdots + \dfrac{x^{n-1}}{(n-1)!} + \dfrac{e^{\theta x}}{n!}x^n$

(2) $\sin x = x - \dfrac{x^3}{3!} + \dfrac{x^5}{5!} + \cdots + (-1)^{n-1}\dfrac{x^{2n-1}}{(2n-1)!} + (-1)^n\dfrac{x^{2n+1}}{(2n+1)!}\cos\theta x$

(3) $\cos x = 1 - \dfrac{x^2}{2!} + \dfrac{x^4}{4!} + \cdots + (-1)^{n-1}\dfrac{x^{2n-2}}{(2n-2)!} + (-1)^n\dfrac{x^{2n}}{(2n)!}\cos\theta x$

(4) $\log(1+x) = x - \dfrac{x^2}{2} + \dfrac{x^3}{3} + \cdots + (-1)^{n-1}\dfrac{x^n}{n} + (-1)^n\dfrac{x^{n+1}}{n+1}\dfrac{1}{(1+\theta x)^{n+1}}$

(5) $(1+x)^\alpha = 1 + \dbinom{\alpha}{1}x + \dbinom{\alpha}{2}x^2 + \cdots + \dbinom{\alpha}{n}x^n(1+\theta x)^{\alpha-n}$

ここで, $\dbinom{\alpha}{k} = \dfrac{\alpha(\alpha-1)(\alpha-2)\cdots(\alpha-k+1)}{k!}$ である.

特に, $\alpha = n$ (自然数) のときは, $\dbinom{n}{k} = {}_n C_k$ である.

▌**問 1** 2.3 節の例 3 を用いて, 例 1 の (2), (3) を示せ.

テイラーの定理およびマクローリンの定理において, 無限に和を続けることができる場合, そのような表現を, **テイラー展開**および**マクローリン展開**という.

系 2.4.4 (マクローリン展開)

$f(x)$ が C^∞ 級で $\displaystyle\lim_{n\to\infty} R_n = 0$ のとき, 次が成り立つ.

$$f(x) = f(0) + f'(0)x + \frac{f''(0)}{2!}x^2 + \frac{f'''(0)}{3!}x^3 + \cdots + \frac{f^{(n)}(0)}{n!}x^n + \cdots$$

例 2 $e^x, \cos x, \sin x$ については, 任意の点 x に対して R_n は 0 に収束する (問題 1.1 の 5(1) 参照). したがって, 例 1 の (1), (2), (3) より次を得る.

(1) $e^x = 1 + \dfrac{x}{1!} + \dfrac{x^2}{2!} + \cdots + \dfrac{x^n}{n!} + \cdots$

(2) $\sin x = x - \dfrac{x^3}{3!} + \dfrac{x^5}{5!} + \cdots + (-1)^n\dfrac{x^{2n+1}}{(2n+1)!} + \cdots$

(3) $\cos x = 1 - \dfrac{x^2}{2!} + \dfrac{x^4}{4!} + \cdots + (-1)^n\dfrac{x^{2n}}{(2n)!} + \cdots$

▌**問 2** e^x の展開において $x = 1$ とし, e を数列の無限和で表せ.

注意 問 2 で求めた無限和の式を, e の**級数展開**という.

▌**極値の判定** 定理 2.3.3 の後の注意において述べたとおり, 高次の微分を調べることによって極値を判定する方法を示す.

定理 **2.4.5** (極値の判定)

関数 $f(x)$ は C^n 級で,

$$f'(a) = f''(a) = \cdots = f^{(n-1)}(a) = 0, \quad f^{(n)}(a) \neq 0$$

であるとする.

(1) n が偶数のとき,

　(i) $f^{(n)}(a) > 0$ であれば $x = a$ で $f(x)$ は極小である.

　(ii) $f^{(n)}(a) < 0$ であれば $x = a$ で $f(x)$ は極大である.

(2) n が奇数のとき, $f(a)$ は極値ではない.

証明 定理 2.4.2 において, $x - a = h$ とすると,

$$f'(a) = f''(a) = \cdots = f^{(n-1)}(a) = 0$$

より, 次が成り立つ.

$$f(a + h) = f(a) + \frac{f^{(n)}(a + \theta h)}{n!} h^n$$

h を十分小さくとると, $f^{(n)}(x)$ が連続であることより, $f^{(n)}(a + \theta h)$ と $f^{(n)}(a)$ は同符号である.

(1) n が偶数のとき, h^n は正であることから, $f(a + h) - f(a)$ の符号と $f^{(n)}(a)$ の符号は一致する. このとき, 極値の定義より (i), (ii) が成り立つ.

(2) n が奇数のとき, h^n の符号は h の符号と一致することから, $f(a + h) - f(a)$ の符号は正にも負にもなるので, 極値ではない. ▮

問 3 $y = x^4$ は $x = 0$ で極小値をとり, $y = x^5$ は $x = 0$ で極値をとらないことを, 定理 2.4.5 を用いて確認せよ.

ランダウの記号と漸近展開 マクローリンの定理における, 剰余項の原点付近での挙動を評価することは, 関数を把握する上で極めて重要なことである. 特に, $x^m \to 0 \; (x \to 0)$ との比較が重要であり, 次の等式が成り立つとする.

$$\lim_{x \to 0} \frac{f(x)}{x^m} = 0$$

このとき, 関数 $f(x)$ は x^m より **高位の無限小** といい, 次のように表現する.

$$f(x) = o(x^m) \quad (x \to 0)$$

$o(x^m)$ はランダウの記号と呼ばれる.

例 3 $\displaystyle \lim_{x \to 0} \frac{\cos x - 1}{x} = 0$ より，$\cos x - 1 = o(x)$ $(x \to 0)$.

例 4 $\displaystyle \lim_{x \to 0} \frac{\sin x - x}{x^2} = 0$ より，$\sin x - x = o(x^2)$ $(x \to 0)$.

上記の例 3, 4 より，次を得る.

$$\cos x = 1 + o(x) \quad (x \to 0) \qquad \sin x = x + o(x^2) \quad (x \to 0)$$

これらの意味は，$\cos x$ の原点付近での大きさは 1 に $o(x)$ を加えた程度であり，$\sin x$ の原点付近での大きさは x に $o(x^2)$ を加えた程度ということである．したがって，$x \to 0$ のときの評価式であり，左辺と右辺が数式として一致するという意味ではない．このとき，次を得る.

命題 2.4.6

$x \to 0$ のとき，次が成り立つ.

(1) $x^m o(x^n) = o(x^{m+n})$

(2) $o(x^m) o(x^n) = o(x^{m+n})$

(3) $m \leqq n$ ならば $o(x^m) \pm o(x^n) = o(x^m)$

証明 (1) $\displaystyle \lim_{x \to 0} \frac{x^m o(x^n)}{x^{m+n}} = \lim_{x \to 0} \frac{o(x^n)}{x^n} = 0$

(2) $\displaystyle \lim_{x \to 0} \frac{o(x^m) o(x^n)}{x^{m+n}} = \lim_{x \to 0} \frac{o(x^m)}{x^m} \frac{o(x^n)}{x^n} = 0$

(3) $\displaystyle \lim_{x \to 0} \frac{o(x^m) \pm o(x^n)}{x^m} = \lim_{x \to 0} \left(\frac{o(x^m)}{x^m} \pm x^{n-m} \frac{o(x^n)}{x^n} \right) = 0$

問 4 $\displaystyle \lim_{x \to 0} \frac{e^x - 1 - x - \frac{x^2}{2}}{x^2} = 0$ を示し，e^x を $o(x^2)$ を用いて表せ.

ランダウの記号を用いることによりマクローリンの定理における剰余項が簡潔に表現される．これを**漸近展開**という.

定理 2.4.7（漸近展開）

$f(x)$ が 0 の近くで定義された C^{n+1} 級の関数であれば，

$$f(x) = f(0) + f'(0)x + \frac{f''(0)}{2!}x^2 + \cdots + \frac{f^{(n)}(0)}{n!}x^n + o(x^n) \quad (x \to 0)$$

証明 定理 2.4.3 において n を $n+1$ に置き換えることにより，次の剰余項を得る．

$$\frac{f^{(n+1)}(\theta x)}{(n+1)!}x^{n+1}$$

仮定から $f(x)$ の $(n+1)$ 次導関数 $f^{(n+1)}(x)$ は連続であり，特に 0 のそばで有界である．このとき，上記の剰余項を x^n で割り，$x \to 0$ とすると，やはり 0 に収束する．したがって，$o(x^n)$ と表現され，定理の結論を得る． ∎

例 5 例 1 における各関数の，x^2 または x^3 までの漸近展開は以下となる．

(1) $e^x = 1 + x + \dfrac{x^2}{2} + o(x^2)$ (2) $\sin x = x - \dfrac{x^3}{6} + o(x^4)$

(3) $\cos x = 1 - \dfrac{x^2}{2} + o(x^3)$ (4) $\log(1+x) = x - \dfrac{x^2}{2} + o(x^2)$ ∎

例題 1 $\displaystyle\lim_{x \to 0} \frac{\log(1+x) - \sin x}{x^2}$ を漸近展開を用いて求めよ．

解答
$$\lim_{x \to 0} \frac{\log(1+x) - \sin x}{x^2} = \lim_{x \to 0} \frac{x - \frac{x^2}{2} + o(x^2) - (x + o(x^2))}{x^2}$$
$$= \lim_{x \to 0} \frac{-\frac{x^2}{2} + o(x^2)}{x^2} = \lim_{x \to 0} \left(-\frac{1}{2} + \frac{o(x^2)}{x^2}\right) = -\frac{1}{2}$$ ∎

問 5 次の極限を漸近展開を用いて求めよ．

(1) $\displaystyle\lim_{x \to 0} \frac{x - \sin x}{x^3}$ (2) $\displaystyle\lim_{x \to 0} \frac{x^2}{1 + x - e^x}$

例題 2 $f(x) = x^2(1 - \cos x)$ が，$x = 0$ で極値をとるかどうかを判定せよ．

解答 $\cos x = 1 - \dfrac{x^2}{2} + o(x^3)$ と $f(0) = 0$ より，

$$f(x) - f(0) = x^2(1 - \cos x) = x^2\left(\frac{x^2}{2} - o(x^3)\right) = x^4\left(\frac{1}{2} - \frac{o(x^3)}{x^2}\right)$$

$\displaystyle\lim_{x \to 0}\left(\frac{1}{2} - \frac{o(x^3)}{x^2}\right) = \frac{1}{2}$ より，$x \neq 0$ のとき $x = 0$ の近くで，$f(x) - f(0) > 0$ である．したがって，$f(x)$ は $x = 0$ で極小値 $f(0) = 0$ をとる． ∎

問題 2.4

1. 次の関数に対して，$n = 4$ のときのマクローリンの定理を書き表せ．

  (1) $\dfrac{x}{1+x}$ (2) $\sqrt{1+x}$ (3) $e^{-x} \sin x$ (4) $x \cos x$

2. 次の関数の $x \to 0$ における $o(x^3)$ までの漸近展開を求めよ．

  (1) $\dfrac{1}{\sqrt{1+x}}$ (2) $(2-x)\sqrt{1+x}$

  (3) $\tan^{-1} x$ (4) $\dfrac{e^x}{1+x}$

3. 例 5 と命題 2.4.6 を用いて，次を示せ．

$$\sin x \log(1+x) = x^2 - \frac{x^3}{2} + o(x^3)$$

4. 次の極限を漸近展開を用いて求めよ．

  (1) $\displaystyle\lim_{x \to 0} \frac{\sin x - x \cos x}{x^3}$ (2) $\displaystyle\lim_{x \to 0} \frac{(e^x - 1 - x)\sin x}{x^3}$

  (3) $\displaystyle\lim_{x \to 0} \left(\frac{1}{x} - \frac{1}{e^x - 1} \right)$ (4) $\displaystyle\lim_{x \to 0} \frac{\sin x - x e^x + x^2}{x(\cos x - 1)}$

5. 次の関数が与えられた点で極値をとるかどうか，漸近展開を用いて判定せよ．

  (1) $f(x) = x^2 \sin x - x^3 e^x$ $(x = 0)$

  (2) $f(x) = x^3 - x^2 \log(1+x)$ $(x = 0)$

  (3) $f(x) = x^2 \sin x - x \sin^2 x$ $(x = 0)$

第3章 積分 積分

　微分の逆演算としての不定積分と，面積概念を用いて定義される定積分との間には「微分積分学の基本定理」として知られる深い結びつきがあり，最初の節ではまずこのことを述べる．不定積分の計算は，微分法における公式を利用することが有効であるが，一般的には公式を機械的に当てはめるだけでは，うまくいかない場合が多い．しかしその分，数学的センスや計算力の向上につながるので，3.2 節以降では不定積分の種々の例題を取り上げる．

3.1　不定積分と定積分

原始関数と不定積分　関数 $F(x)$ の導関数が $f(x)$ のとき，$F(x)$ を $f(x)$ の原始関数という．すなわち，

$$F'(x) = f(x)$$

である．

　$F(x)$ が $f(x)$ の原始関数であれば，任意の定数 C に対して $F(x) + C$ も $f(x)$ の原始関数である．また，関数 $F(x)$, $G(x)$ がともに $f(x)$ の原始関数であれば，$G(x) - F(x)$ の導関数は 0 であるから $G(x) = F(x) + C$ となる定数 C が存在する．すなわち，関数 $f(x)$ の任意の原始関数は，ひとつの原始関数 $F(x)$ と定数 C を用いて $F(x) + C$ と書ける．このことを，

$$\int f(x)\,dx = F(x) + C$$

と書く．これを $f(x)$ の**不定積分**といい，右辺の C を**積分定数**という．また，$f(x)$ をこの不定積分の**被積分関数**という．関数 $f(x)$ からその不定積分を求めることを，関数を**積分する**という．$f(x)$ を異なる方法で積分すると，計算結果に定数だけの違いが生じる場合がある．そのため，積分定数の存在を忘れて

はならない.

例題 1 右辺の関数を微分することにより，次の (1), (2) を示せ.

(1) $\displaystyle\int \frac{dx}{\sqrt{x(1-x)}} = 2\sin^{-1}\sqrt{x} + C$

(2) $\displaystyle\int \frac{dx}{\sqrt{x(1-x)}} = \sin^{-1}(2x-1) + C$

解答 (1) $(2\sin^{-1}\sqrt{x})' = \dfrac{2}{\sqrt{1-x}}(\sqrt{x})' = \dfrac{2}{\sqrt{1-x}}\dfrac{1}{2\sqrt{x}} = \dfrac{1}{\sqrt{x(1-x)}}$

(2) $(\sin^{-1}(2x-1))' = \dfrac{2}{\sqrt{1-(2x-1)^2}} = \dfrac{2}{\sqrt{4x-4x^2}} = \dfrac{1}{\sqrt{x(1-x)}}$

問 1 例題 1 より，2 つの関数 $2\sin^{-1}\sqrt{x}$ と $\sin^{-1}(2x-1)$ の導関数は一致するが，関数として一致するとは限らない．両者の関係を明確にせよ．

例 1 不定積分の定義と導関数の公式より，次が成り立つ.

$$\int x^n\,dx = \frac{x^{n+1}}{n+1} + C \qquad \int \sin x\,dx = -\cos x + C \qquad \int \frac{dx}{x} = \log|x| + C$$

定積分 閉区間 $[a,b]$ で定義された連続関数 $f(x)$ に対して，曲線 $y = f(x)$ と直線 $x = a$, $x = b$, および x 軸で囲まれた部分の面積を，x 軸より上側は正，下側は負として足し合わせた値 (代数和) を，

$$\int_a^b f(x)\,dx$$

と書き，$f(x)$ の区間 $[a,b]$ における**定積分**という (図 3.1). また，この値を求めることを，$f(x)$ を a から b まで積分するという．ただし，ここでの定積分

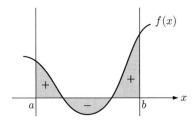

図 3.1 面積の代数和

の定義は，面積を用いて行ったが，実は面積についての厳密な定義はまだ行っていない．正確には，3.6 節で行う区分求積法によって定められるが，それまでは高等学校までに学んだ面積に対する共通理解の下に，議論を進めていく．

ここで，$a = b$ や $a > b$ の場合，次のように定める．

$$\int_a^a f(x)\,dx = 0 \qquad \int_a^b f(x)\,dx = -\int_b^a f(x)\,dx$$

このとき，積分区間内の任意の 3 点 a, b, c に対して，次が成り立つ．これを**区間の加法性**という．

$$\int_a^b f(x)\,dx = \int_a^c f(x)\,dx + \int_c^b f(x)\,dx$$

次は，定積分における基本的な性質である．証明は省略するが，正確には 3.6 節で行う区分求積法が必要になる．

命題 3.1.1

$[a, b]$ で定義された連続関数 $f(x)$, $g(x)$ について，次が成り立つ．

(1) $\displaystyle \int_a^b (kf(x) \pm \ell g(x))\,dx = k\int_a^b f(x)\,dx \pm \ell \int_a^b g(x)\,dx$ （複号同順）

(2) $f(x) \leqq g(x)$ ならば $\displaystyle \int_a^b f(x)\,dx \leqq \int_a^b g(x)\,dx$
等号成立のための必要十分条件は $f(x) = g(x)$

(3) $\displaystyle \left| \int_a^b f(x)\,dx \right| \leqq \int_a^b |f(x)|\,dx$

この命題より，次が成り立つ．

命題 3.1.2

$[a, b]$ で定義された連続関数 $f(x)$ が $m \leqq f(x) \leqq M$ のとき，次が成り立つ．

$$m(b - a) \leqq \int_a^b f(x)\,dx \leqq M(b - a)$$

証明　$\displaystyle\int_a^b 1\,dx = b - a$ に注意すると，命題 3.1.1 (1), (2) を用いて，次を得る．

$$m(b-a) = \int_a^b m\,dx \leqq \int_a^b f(x)\,dx \leqq \int_a^b M\,dx = M(b-a)$$

例題 2　$\displaystyle\frac{\pi}{2} < \int_0^{\frac{\pi}{2}} \sqrt{2 - \cos x}\,dx < \frac{\pi}{\sqrt{2}}$ を示せ．

解答　$0 \leqq x \leqq \dfrac{\pi}{2}$ のとき $0 \leqq \cos x \leqq 1$ より，$1 \leqq \sqrt{2 - \cos x} \leqq \sqrt{2}$ である．このとき，命題 3.1.2 と等号が成り立たないことより従う．

問 2　$\displaystyle\frac{\sqrt{2}\pi}{3} < \int_{-\frac{\pi}{2}}^{\frac{\pi}{6}} \frac{dx}{\sqrt{1 - \sin x}} < \frac{2\sqrt{2}\pi}{3}$ を示せ．

定理 3.1.3 (積分の平均値の定理)

$[a, b]$ で定義された連続関数 $f(x)$ に対して，次の等式を満たす点 c $(a < c < b)$ が存在する．

$$\int_a^b f(x)\,dx = f(c)(b-a)$$

証明　定理 1.2.6 より，$[a, b]$ における $f(x)$ の最大値を M，最小値を m とすると，命題 3.1.2 より次が成り立つ．

$$m(b-a) \leqq \int_a^b f(x)\,dx \leqq M(b-a)$$

この不等式全体を $b - a$ で割ると，次を得る．

$$m \leqq \frac{1}{b-a} \int_a^b f(x)\,dx \leqq M$$

ここで，少なくとも一方の等号が成り立つ場合，$f(x)$ は定数より，$[a, b]$ 内の任意の c について等式が成り立つ．

　等号が成り立たない場合は，中間値の定理 (定理 1.2.5) より，

$$f(c) = \frac{1}{b-a} \int_a^b f(x)\,dx$$

を満たす点 c $(a < c < b)$ が存在し，結論を得る．

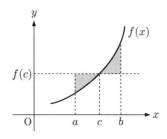

図 3.2　積分の平均値の定理

定理 3.1.4 (微分積分学の基本定理)

$f(x)$ を点 a を含む区間 I で定義された連続関数とする．このとき，I における x の関数 $\displaystyle\int_a^x f(t)\,dt$ は微分可能であり，次が成り立つ．

$$\frac{d}{dx}\int_a^x f(t)\,dt = f(x)$$

証明　$\displaystyle F(x) = \int_a^x f(t)\,dt$ とおく．このとき十分小さな $h \neq 0$ に対して，

$$F(x+h) - F(x) = \int_a^{x+h} f(t)\,dt - \int_a^x f(t)\,dt = \int_x^{x+h} f(t)\,dt$$

いま $h > 0$ として区間 $[x, x+h]$ に定理 3.1.3 を適用すると，次の等式を満たす点 c $(x < c < x+h)$ が存在する．

$$\int_x^{x+h} f(t)\,dt = f(c)h$$

ここで $h \to 0$ のとき $c \to x$ であり，$f(x)$ は連続であることから，

$$F'(x) = \lim_{h \to 0} \frac{F(x+h) - F(x)}{h} = \lim_{h \to 0} \frac{1}{h}\int_x^{x+h} f(t)\,dt$$

$$= \lim_{c \to x} f(c) = f(x)$$

より示された．$h < 0$ のときも同様である．　∎

定積分と原始関数　定理 3.1.4 より $\displaystyle\int_a^x f(t)\,dt$ は $f(x)$ の原始関数の 1 つであることがわかる．ここで，$F(x)$ を他の原始関数とすると，$F(x) - F(a)$ と $\displaystyle\int_a^x f(t)\,dt$ はともに $f(x)$ の原始関数であり，両者とも $x = a$ において 0 となることから，これらは一致する．特に，$x = b$ として次の等式を得る．

$$\int_a^b f(x)\,dx = F(b) - F(a)$$

この右辺を，$\Big[F(x)\Big]_a^b$ と書く．

例 2　$\displaystyle\int_0^{\frac{1}{2}} \frac{dx}{\sqrt{1-x^2}} = \Big[\sin^{-1} x\Big]_0^{\frac{1}{2}} = \sin^{-1}\frac{1}{2} - \sin^{-1} 0 = \frac{\pi}{6}$

問 3 次の定積分を求めよ.

(1) $\displaystyle\int_1^{\sqrt{3}} \frac{dx}{1+x^2}$ (2) $\displaystyle\int_{\frac{\pi}{6}}^{\frac{\pi}{4}} \frac{dx}{\cos^2 x}$

例 3

(1) $\displaystyle\int_a^b (x-a)(x-b)\,dx = \int_a^b \left((x-a)^2 - (b-a)(x-a)\right)\,dx$

$$= \left[\frac{1}{3}(x-a)^3 - \frac{1}{2}(b-a)(x-a)^2 \right]_a^b$$

$$= \left(\frac{1}{3} - \frac{1}{2} \right)(b-a)^3 = -\frac{1}{6}(b-a)^3$$

(2) $\displaystyle\int_a^b (x-a)^2(x-b)\,dx = \int_a^b \left((x-a)^3 - (b-a)(x-a)^2\right)\,dx$

$$= \left[\frac{1}{4}(x-a)^4 - \frac{1}{3}(b-a)(x-a)^3 \right]_a^b$$

$$= \left(\frac{1}{4} - \frac{1}{3} \right)(b-a)^4 = -\frac{1}{12}(b-a)^4$$

問 4 例 3 と同様に, $\displaystyle\int_a^b (x-a)^3(x-b)\,dx$ を求めよ.

問題 3.1

1. 次の定積分の値を求めよ.

(1) $\displaystyle\int_0^{\log 3} e^x\,dx$ (2) $\displaystyle\int_e^{e^5} \frac{dx}{x}$ (3) $\displaystyle\int_4^{25} \frac{dx}{\sqrt{x}}$ (4) $\displaystyle\int_{-\frac{\pi}{3}}^{\frac{\pi}{2}} \cos x\,dx$

2. 次の関数と区間に対して, 定理 3.1.3 における点 c の値を求めよ.

(1) $f(x) = x^2$ $[0,1]$ (2) $f(x) = x^3$ $[0,1]$

(3) $f(x) = x^n$ $[0,1]$ (n は自然数)

3. 次の不等式を示せ.

(1) $\displaystyle\frac{1}{2} < \int_0^{\frac{1}{2}} \frac{dx}{\sqrt{1-x^3}} < \sqrt{\frac{2}{7}}$

(2) $\dfrac{\pi}{3\sqrt{5}} < \displaystyle\int_0^{\frac{1}{2}} \dfrac{dx}{\sqrt{1-x^4}} < \dfrac{\pi}{6}$

(2) のヒント：$0 < x < \dfrac{1}{2}$ のとき $1-x^2 < 1-x^4 < \dfrac{5}{4}(1-x^2)$

4. 問 4 の一般化として，$\displaystyle\int_a^b (x-a)^n (x-b)\,dx$ を求めよ．(n は自然数)

5. 次の関数を微分せよ．

(1) $\displaystyle\int_x^{2x} f(t)\,dt$　　　(2) $\displaystyle\int_1^{x^2} f(t)\,dt$　　　(3) $\displaystyle\int_0^x (t-x)e^t\,dt$

(3) のヒント：$(t-x)e^t = te^t - xe^t$

6. 不等式　$\log(n+1) < \displaystyle\sum_{k=1}^n \dfrac{1}{k} < 1 + \log n$　を示せ．

ヒント：$y = \dfrac{1}{x}\ (x>0)$ のグラフと，x 軸および直線 $x=1$, $x=n$ で囲まれた図形の面積を考えよ．

7. $[a, b]$ で定義された連続関数 $f(x), g(x)$ に対して，次の不等式が成り立つことを証明せよ．また，等号が成立する条件を考えよ．

$$\int_a^b f(x)^2\,dx \int_a^b g(x)^2\,dx \geqq \left(\int_a^b f(x)g(x)\,dx \right)^2$$

ヒント：t の 2 次式 $\displaystyle\int_a^b (f(x)+tg(x))^2\,dx$ の符号が一定であることから，判別式を考えよ．

3.2 置換積分法と部分積分法

本節では，不定積分の計算に有効な標記の2つの積分法について学ぶ.

命題 3.2.1 (置換積分法)

連続関数 $f(x)$ に対して，$x = \varphi(t)$ が微分可能ならば，次が成り立つ.

$$\int f(x)\,dx = \int f(\varphi(t))\varphi'(t)\,dt$$

証明　$F(x)$ を $f(x)$ の原始関数の1つとし，$F(\varphi(t))$ を考える. 合成関数の微分法より，

$$\frac{d}{dt}F(\varphi(t)) = F'(\varphi(t))\varphi'(t) = f(\varphi(t))\varphi'(t)$$

が成り立ち，$F(\varphi(t))$ は t の関数として $f(\varphi(t))\varphi'(t)$ の原始関数の1つである. したがって，

$$\int f(\varphi(t))\varphi'(t)\,dt = F(\varphi(t)) + C = F(x) + C = \int f(x)\,dx \qquad \blacksquare$$

例 1　$\displaystyle\int \sin 2x\,dx$ において $2x = t$ とおくと $\dfrac{dx}{dt} = \dfrac{1}{2}$ より，

$$\int \sin 2x\,dx = \int \sin t\frac{dx}{dt}\,dt = \int (\sin t)\frac{1}{2}\,dt = \frac{1}{2}\int \sin t\,dt$$

$$= \frac{1}{2}(-\cos t) + C = -\frac{1}{2}\cos 2x + C \qquad \blacksquare$$

注意　例1において，$dx = \dfrac{1}{2}\,dt$ を与式に代入してもよい.

問 1　$F'(x) = f(x)$ のとき，$\displaystyle\int f(ax+b)\,dx = \dfrac{1}{a}F(ax+b) + C$ を示せ.

問 2　問1を用いて，次の不定積分を求めよ.

(1) $\displaystyle\int (3x+2)^4\,dx$ 　　　(2) $\displaystyle\int \cos(4x-1)\,dx$

例 2　$\displaystyle\int \cos^3 x\,dx = \int (1 - \sin^2 x)\cos x\,dx$ より，この不定積分は，「$\sin x$ の関数」と「$\sin x$ の導関数」の積と見なすことができる. このとき，$\sin x = t$ として次のように，置換積分法を用いることができる. $\cos x\,dx = dt$ より，

$$\int \cos^3 x\,dx = \int (1 - \sin^2 x)\cos x\,dx$$

$$= \int (1 - t^2)\, dt = t - \frac{1}{3} t^3 + C = \sin x - \frac{1}{3} \sin^3 x + C \quad \blacksquare$$

問 3　任意の微分可能な関数 $f(x)$ に対して $\displaystyle \int \frac{f'(x)}{f(x)}\, dx = \log|f(x)| + C$ が成り立つことを示せ.

問 4　問 3 を用いて, 次の不定積分を求めよ.

(1) $\displaystyle \int \tan x\, dx$ 　　(2) $\displaystyle \int \frac{x+1}{x^2 + 2x - 1}\, dx$

命題 3.2.2 (部分積分法)

$f(x), g(x)$ が微分可能で, $f'(x), g'(x)$ がともに連続ならば次が成り立つ.

$$\int f(x) g'(x)\, dx = f(x) g(x) - \int f'(x) g(x)\, dx$$

証明　$(f(x) g(x))' = f'(x) g(x) + f(x) g'(x)$ より,

$$f(x) g'(x) = (f(x) g(x))' - f'(x) g(x)$$

である.

両辺の不定積分をとると, 次を得る.

$$\int f(x) g'(x)\, dx = f(x) g(x) + C - \int f'(x) g(x)\, dx$$

積分定数 C は, 右辺の不定積分に含めてよいので, 求める等式を得る. 　　$\blacksquare$

例題 1　$\displaystyle \int x e^x\, dx$ を求めよ.

解答

$$\int x e^x\, dx = \int x\, (e^x)'\, dx = x e^x - \int (x)' e^x\, dx$$
$$= x e^x - \int e^x\, dx = x e^x - e^x + C \quad \blacksquare$$

例 3　命題 3.2.2 において, 特に $g'(x) = 1 = (x)'$ の場合を考えると, 次の式が得られる.

$$\int f(x)\, dx = \int (x)' f(x)\, dx = x f(x) - \int x f'(x)\, dx$$

$f(x) = \log x$ をこの式にあてはめると，$\log x$ の不定積分が得られる．

$$\int \log x \, dx = x \log x - \int x \cdot \frac{1}{x} \, dx = x \log x - \int dx = x \log x - x + C \quad \blacksquare$$

問 5 例 3 の方法で，次の不定積分を求めよ．

(1) $\displaystyle\int \sin^{-1} x \, dx$　　　(2) $\displaystyle\int \cos^{-1} x \, dx$

例題 2 次の不定積分を求めよ．

(1) $\displaystyle\int \frac{dx}{\sqrt{a^2 - x^2}}$　$(a > 0)$　　　(2) $\displaystyle\int \sqrt{a^2 - x^2} \, dx$　$(a > 0)$

解答 (1) $\displaystyle\int \frac{dx}{\sqrt{a^2 - x^2}} = \frac{1}{a} \int \frac{dx}{\sqrt{1 - \left(\frac{x}{a}\right)^2}} = \sin^{-1} \frac{x}{a} + C$

(2)

$$\int \sqrt{a^2 - x^2} \, dx = \int (x)' \sqrt{a^2 - x^2} \, dx$$

$$= x\sqrt{a^2 - x^2} - \int \frac{-x^2}{\sqrt{a^2 - x^2}} \, dx$$

$$= x\sqrt{a^2 - x^2} - \int \frac{a^2 - x^2 - a^2}{\sqrt{a^2 - x^2}} \, dx$$

$$= x\sqrt{a^2 - x^2} - \int \sqrt{a^2 - x^2} \, dx + a^2 \int \frac{dx}{\sqrt{a^2 - x^2}}$$

したがって，

$$\int \sqrt{a^2 - x^2} \, dx = \frac{1}{2} \left(x\sqrt{a^2 - x^2} + a^2 \int \frac{dx}{\sqrt{a^2 - x^2}} \right)$$

$$= \frac{1}{2} \left(x\sqrt{a^2 - x^2} + a^2 \sin^{-1} \frac{x}{a} \right) + C \quad \blacksquare$$

問 6 $\displaystyle\int \frac{dx}{x^2 + a^2}$　$(a > 0)$ を求めよ．

例題 3 次の不定積分を，$\tan x = t$ とおく置換積分により求めよ．また，$\cos x = s$ とおく置換積分を用いた場合の計算結果と比較せよ．

$$\int \frac{\sin x}{\cos^3 x} \, dx$$

解答 $\tan x = t$ とおくと, $\dfrac{dx}{\cos^2 x} = dt$ より,

$$\int \frac{\sin x}{\cos^3 x}\,dx = \int \tan x \cdot \frac{dx}{\cos^2 x} = \int t\,dt = \frac{t^2}{2} + C = \frac{1}{2}\tan^2 x + C$$

一方, $\cos x = s$ とおくと, $-\sin x\,dx = ds$ より,

$$\int \frac{\sin x}{\cos^3 x}\,dx = \int \frac{-1}{\cos^3 x}\cdot(-\sin x)\,dx = \int \frac{-1}{s^3}\,ds$$

$$= -\int s^{-3}\,ds = \frac{1}{2}s^{-2} + C = \frac{1}{2\cos^2 x} + C \qquad \blacksquare$$

2通りの方法で求めた不定積分は異なって見えるが, 下記の通りその差は定数であり, 積分定数の中に吸収されている.

$$\frac{1}{\cos^2 x} = \frac{\cos^2 x + \sin^2 x}{\cos^2 x} = 1 + \tan^2 x$$

定積分に関する置換積分法・部分積分法を以下に記す.

命題 3.2.3 (定積分の置換積分法)

微分可能な関数 $x = \varphi(t)$ が区間 $[\alpha, \beta]$ で定義されており, $a = \varphi(\alpha)$, $b = \varphi(\beta)$ であるとき, 次が成り立つ.

$$\int_a^b f(x)\,dx = \int_\alpha^\beta f(\varphi(t))\varphi'(t)\,dt$$

命題 3.2.4 (定積分の部分積分法)

$f(x), g(x)$ がともに C^1 級とすると, 次が成り立つ.

$$\int_a^b f(x)g'(x)\,dx = \Big[f(x)g(x)\Big]_a^b - \int_a^b f'(x)g(x)\,dx$$

例題 4 次の定積分を求めよ.

(1) $\displaystyle\int_0^{\frac{\pi}{2}} \frac{\cos x}{1 + \sin^2 x}\,dx$ (2) $\displaystyle\int_1^e x\log x\,dx$

解答 (1) $\sin x = t$ とおくと $\cos x\,dx = dt$ であり, $x : 0 \to \dfrac{\pi}{2}$ のとき $t : 0 \to 1$

$$\int_0^{\frac{\pi}{2}} \frac{\cos x}{1 + \sin^2 x}\,dx = \int_0^1 \frac{dt}{1 + t^2} = \Big[\tan^{-1} t\Big]_0^1 = \frac{\pi}{4}$$

$$(2)\ \int_1^e x \log x\, dx = \left[\frac{x^2}{2} \log x\right]_1^e - \frac{1}{2} \int_1^e x\, dx$$

$$= \frac{e^2}{2} - \frac{1}{2}\left[\frac{x^2}{2}\right]_1^e = \frac{1}{4}(e^2 + 1)$$

問 7 次の定積分を求めよ.

$(1)\ \displaystyle\int_0^1 \sqrt{1-x}\, dx$ $\quad$ $(2)\ \displaystyle\int_0^1 xe^{-x}\, dx$

問題 3.2

1. 次の不定積分を求めよ.

$(1)\ \displaystyle\int \frac{dx}{e^x + e^{-x}}$ $\qquad\qquad$ $(2)\ \displaystyle\int \frac{dx}{x \log x}$

$(3)\ \displaystyle\int \frac{dx}{\sqrt{1+5x}}$ $\qquad\qquad$ $(4)\ \displaystyle\int x \sin x\, dx$

$(5)\ \displaystyle\int \frac{x}{(1+x^2)^4}\, dx$ $\qquad\quad$ $(6)\ \displaystyle\int \frac{dx}{x^2 + 4x + 5}$

$(7)\ \displaystyle\int \frac{\sin x}{\cos^6 x}\, dx$ $\qquad\qquad$ $(8)\ \displaystyle\int x\sqrt{1-x^2}\, dx$

$(9)\ \displaystyle\int \frac{x^2}{\sqrt{a^2 - x^2}}\, dx \quad (a > 0)$ $\quad$ $(10)\ \displaystyle\int xa^x\, dx \quad (a > 0, a \neq 1)$

2. 次の定積分を求めよ.

$(1)\ \displaystyle\int_0^{\frac{1}{2}} \frac{dx}{\sqrt{1-x^2}}$ $\qquad\qquad$ $(2)\ \displaystyle\int_{-1}^1 x^2 e^{2x}\, dx$

$(3)\ \displaystyle\int_0^{\frac{\pi}{4}} \cos^3 x\, dx$ $\qquad\qquad$ $(4)\ \displaystyle\int_0^{\frac{\pi}{3}} \tan^3 x\, dx$

$(5)\ \displaystyle\int_0^1 \frac{x}{x^4 + 1}\, dx$ $\qquad\qquad$ $(6)\ \displaystyle\int_{-1}^1 \log(x+2)\, dx$

$(7)\ \displaystyle\int_0^1 \frac{x+1}{x^2+1}\, dx$ $\qquad\qquad$ $(8)\ \displaystyle\int_0^{\frac{\pi}{4}} \cos^4 x\, dx$

3. $I = \displaystyle\int e^x \cos x \, dx$, $J = \displaystyle\int e^x \sin x \, dx$ とおく. 部分積分法により,

$$I = e^x \cos x + J, \ J = e^x \sin x - I$$

を示し, I, J を求めよ.

4. 次の等式を示せ. ここで m, n は自然数である.

(1) $\displaystyle\int_0^{2\pi} \sin mx \cos nx \, dx = 0$

(2) $\displaystyle\int_0^{2\pi} \sin mx \sin nx \, dx = \begin{cases} \pi \ (m = n) \\ 0 \ (m \neq n) \end{cases}$

(3) $\displaystyle\int_0^{2\pi} \cos mx \cos nx \, dx = \begin{cases} \pi \ (m = n) \\ 0 \ (m \neq n) \end{cases}$

ヒント：三角関数の積和の公式を用いる.

不定積分の基本公式

$$\int x^\alpha \, dx = \frac{1}{\alpha + 1} x^{\alpha+1} + C \quad (\alpha \neq -1)$$

$$\int \frac{dx}{x} = \log |x| + C$$

$$\int \sin x \, dx = -\cos x + C \qquad \int \cos x \, dx = \sin x + C$$

$$\int \tan x \, dx = -\log |\cos x| + C$$

$$\int \frac{dx}{\cos^2 x} = \tan x + C$$

$$\int e^x \, dx = e^x + C$$

$$\int a^x \, dx = \frac{a^x}{\log a} + C \quad (a > 0, \ a \neq 1)$$

$$\int \log x \, dx = x(\log x - 1) + C$$

$$\int \frac{dx}{x^2 + a^2} = \frac{1}{a} \tan^{-1} \frac{x}{a} + C \quad (a > 0)$$

$$\int \frac{dx}{\sqrt{a^2 - x^2}} = \sin^{-1} \frac{x}{a} + C \quad (a > 0)$$

$$\int \sqrt{a^2 - x^2} \, dx = \frac{1}{2} \left(x\sqrt{a^2 - x^2} + a^2 \sin^{-1} \frac{x}{a} \right) + C \quad (a > 0)$$

$$\int \frac{dx}{\sqrt{x^2 + a}} = \log \left| x + \sqrt{x^2 + a} \right| + C$$

$$\int \sqrt{x^2 + a} \, dx = \frac{1}{2} \left(x\sqrt{x^2 + a} + a \log \left| x + \sqrt{x^2 + a} \right| \right) + C$$

3.3 有理式の積分

前節では不定積分の計算方法として，置換積分法と部分積分法を学んだが，積分の計算は微分の計算よりもはるかに難しく，たとえば，$\dfrac{\sin x}{x}$ や e^{-x^2} のような関数の不定積分でさえも初等関数では表されない．本節では，被積分関数が有理式の場合について，その計算方法を学ぶ．

分母が 2 次式の場合　はじめに，分母が 2 次式の場合の不定積分を考える．この場合，判別式が，正，0，負によって，場合が分かれる．次の例 1 はその 3 通りである．

例 1　(1) $\displaystyle\int \frac{dx}{x^2 + 2x - 3} = \frac{1}{4} \int \left(\frac{1}{x-1} - \frac{1}{x+3} \right) dx$

$$= \frac{1}{4} \log \left| \frac{x-1}{x+3} \right| + C$$

(2) $\displaystyle\int \frac{dx}{x^2 - 2x + 1} = \int \frac{dx}{(x-1)^2} = -\frac{1}{x-1} + C$

(3) $\displaystyle\int \frac{dx}{x^2 - 2x + 3} = \int \frac{dx}{(x-1)^2 + (\sqrt{2})^2} = \frac{1}{\sqrt{2}} \tan^{-1} \frac{x-1}{\sqrt{2}} + C$

問 1　次の不定積分を求めよ．

(1) $\displaystyle\int \frac{dx}{x^2 - 4x + 3}$　　(2) $\displaystyle\int \frac{dx}{4x^2 - 4x + 1}$　　(3) $\displaystyle\int \frac{dx}{x^2 - 4x + 7}$

例題 1　$\displaystyle\int \frac{x+1}{x^2 + 3x + 3} \, dx$ を求めよ．

解答

$$\int \frac{x+1}{x^2 + 3x + 3} \, dx = \frac{1}{2} \int \frac{(2x+3) - 1}{x^2 + 3x + 3} \, dx$$

$$= \frac{1}{2} \int \frac{2x+3}{x^2 + 3x + 3} \, dx - \frac{1}{2} \int \frac{dx}{x^2 + 3x + 3}$$

$$= \frac{1}{2} \int \frac{(x^2 + 3x + 3)'}{x^2 + 3x + 3} \, dx - \frac{1}{2} \int \frac{dx}{\left(x + \frac{3}{2}\right)^2 + \left(\frac{\sqrt{3}}{2}\right)^2}$$

$$= \frac{1}{2} \log |x^2 + 3x + 3| - \frac{1}{\sqrt{3}} \tan^{-1} \frac{2x+3}{\sqrt{3}} + C$$

問2 次の不定積分を求めよ.

(1) $\displaystyle\int \frac{x-1}{x^2+2x+5}\,dx$　　(2) $\displaystyle\int \frac{x+1}{x^2-6x+9}\,dx$

例2　(1) $\displaystyle\int \frac{dx}{(x-a)(x-b)}$　　$(a \neq b)$

$$= \frac{1}{a-b}\int \left(\frac{1}{x-a}-\frac{1}{x-b}\right)dx$$

$$= \frac{1}{a-b}\left(\log|x-a|-\log|x-b|\right)+C$$

$$= \frac{1}{a-b}\log\left|\frac{x-a}{x-b}\right|+C$$

(2) $\displaystyle\int \frac{dx}{x^2-a^2} = \frac{1}{2a}\log\left|\frac{x-a}{x+a}\right|+C$　　$((1)$ において $b=-a$ とする$)$

部分分数分解　多項式の商を，**有理式**，**有理関数**または**分数関数**という.

$$f(x) = \frac{g(x)}{h(x)}\quad (g(x),\ h(x) \text{ は多項式})$$

ここで，$g(x)$ の次数 $\geqq h(x)$ の次数，のときは，割り算を行うことにより，

$$\frac{g(x)}{h(x)} = q(x) + \frac{r(x)}{h(x)}\quad (r(x) \text{ の次数} < h(x) \text{ の次数})$$

とできる．そこでこれ以降は，$g(x)$ の次数 $< h(x)$ の次数，とし，

$$f(x) = \frac{g(x)}{h(x)}\quad (g(x),\ h(x) \text{ は共通因数をもたない})$$

とする.

多項式は一般に，1 次式と 2 次式の積に因数分解されることが知られており（後に述べる命題 3.3.1），分母の $h(x)$ をそのように因数分解することにより，$f(x)$ を分母の次数が低い分数の和に分けることができる．これを**部分分数分解**という.

例3　$\displaystyle\frac{3x^2+10x-12}{(x-2)^2(x^2+2x+2)} = \frac{1}{x-2} + \frac{2}{(x-2)^2} - \frac{x+3}{x^2+2x+2}$

このような部分分数分解は，左辺の有理式が与えられたとき，a,b,c,d を未

定係数として，下記のようにおく．

$$\frac{3x^2 + 10x - 12}{(x-2)^2(x^2+2x+2)} = \frac{a}{x-2} + \frac{b}{(x-2)^2} + \frac{cx+d}{x^2+2x+2}$$

両辺の分母を払うと，

$$3x^2 + 10x - 12$$
$$= a(x-2)(x^2+2x+2) + b(x^2+2x+2) + (cx+d)(x-2)^2$$
$$= a(x^3 - 2x - 4) + b(x^2+2x+2) + cx^3 + (-4c+d)x^2$$
$$\quad + 4(c-d)x + 4d$$
$$= (a+c)x^3 + (b-4c+d)x^2 + (-2a+2b+4c-4d)x$$
$$\quad + (-4a+2b+4d)$$

両辺を比較して，次の連立方程式を得る．

$$\begin{cases} a & + c & = & 0 \\ & b - 4c + d = & 3 \\ -2a + 2b + 4c - 4d = & 10 \\ -4a + 2b & + 4d = & -12 \end{cases}$$
これを解くと
$$\begin{cases} a = & 1 \\ b = & 2 \\ c = & -1 \\ d = & -3 \end{cases}$$
となる．

したがって，求める部分分数分解を得る．

一般に有理式が与えられたとき，分母が $(1\,\text{次式})^m$ と $(2\,\text{次式})^n$ に対応する部分は，下記のように分解される．

◆ 分母が $(1\,\text{次式})^m$ に対応する部分

$$\frac{g(x)}{(x-a)^m} = \frac{p_1}{x-a} + \frac{p_2}{(x-a)^2} + \cdots + \frac{p_m}{(x-a)^m}$$

◆ 分母が $(2\,\text{次式})^n$ に対応する部分

$$\frac{g(x)}{(x^2+ax+b)^n} = \frac{p_1 x + q_1}{x^2+ax+b} + \frac{p_2 x + q_2}{(x^2+ax+b)^2} + \cdots + \frac{p_n x + q_n}{(x^2+ax+b)^n}$$

問 3　次の有理式を部分分数分解せよ．

(1) $\dfrac{x^2 - 7x - 10}{(x-1)(x+3)^2}$　　(2) $\dfrac{2x^2 + 3x - 3}{(x-2)(x^2+2x+3)}$

問 4　問 3 の部分分数分解を用いて，次の不定積分を求めよ．

(1) $\displaystyle\int \frac{x^2 - 7x - 10}{(x - 1)(x + 3)^2}\, dx$　(2) $\displaystyle\int \frac{2x^2 + 3x - 3}{(x - 2)(x^2 + 2x + 3)}\, dx$

有理式を部分分数分解したとき，分母には，$(1\,\text{次式})^m$ に対応する部分と，$(2\,\text{次式})^n$ に対応する部分が現れると述べた．次の例題は，$(2\,\text{次式})^n$ に対応する部分の不定積分を，漸化式を用いて計算する方法を示している．

例題 2　$I_n = \displaystyle\int \dfrac{dx}{(x^2 + a^2)^n}$　$(a > 0)$ とおく．

このとき，次の漸化式が成り立つことを示し，I_3 を求めよ．

$$I_{n+1} = \frac{x}{2na^2(x^2 + a^2)^n} + \frac{2n - 1}{2na^2} I_n \quad (n = 1, 2, 3, \cdots)$$

解答

$$I_n = \int \frac{(x)'}{(x^2 + a^2)^n}\, dx = \frac{x}{(x^2 + a^2)^n} - \int x \cdot \left(\frac{1}{(x^2 + a^2)^n} \right)' dx$$

$$= \frac{x}{(x^2 + a^2)^n} + 2n \int \frac{x^2}{(x^2 + a^2)^{n+1}}\, dx$$

$$= \frac{x}{(x^2 + a^2)^n} + 2n \int \frac{(x^2 + a^2) - a^2}{(x^2 + a^2)^{n+1}}\, dx$$

$$= \frac{x}{(x^2 + a^2)^n} + 2nI_n - 2na^2 I_{n+1}$$

したがって，

$$I_n = \frac{x}{(x^2 + a^2)^n} + 2nI_n - 2na^2 I_{n+1} \text{であり,}$$

$$I_{n+1} = \frac{x}{2na^2(x^2 + a^2)^n} + \frac{2n - 1}{2na^2} I_n \text{を得る.}$$

この漸化式を使うと，次のようにして I_3 を求めることができる．

$$I_3 = \frac{x}{4a^2(x^2 + a^2)^2} + \frac{3}{4a^2} I_2$$

$$= \frac{x}{4a^2(x^2 + a^2)^2} + \frac{3}{4a^2} \left(\frac{x}{2a^2(x^2 + a^2)} + \frac{1}{2a^2} I_1 \right)$$

$$= \frac{x}{4a^2(x^2 + a^2)^2} + \frac{3}{4a^2} \left(\frac{x}{2a^2(x^2 + a^2)} + \frac{1}{2a^2} \frac{1}{a} \tan^{-1} \frac{x}{a} \right) + C$$

$$= \frac{x}{4a^2(x^2 + a^2)^2} + \frac{3x}{8a^4(x^2 + a^2)} + \frac{3}{8a^5} \tan^{-1} \frac{x}{a} + C$$

問 5　例題 2 における漸化式を用いて，次の不定積分を求めよ.

$$(1) \int \frac{dx}{(x^2+4)^2} \qquad (2) \int \frac{dx}{(x^2+2x+2)^2}$$

代数学の基本定理　有理式の部分分数分解の説明において，「多項式は 1 次式と 2 次式の積に因数分解されることが知られている」と述べた. このことは，次の命題である.

命題 3.3.1

実数係数の n 次多項式は，実数の範囲で 1 次式または 2 次式の積に因数分解される.

この命題は，次の定理に基づいている. その定理を歴史上初めて証明したのは**ガウス**である.

定理 3.3.2（代数学の基本定理）

複素係数の n 次方程式は，複素数の範囲で重複を含めて n 個の解をもつ.

この定理の証明は省略するが，これを用いて命題 3.3.1 を証明する.

証明　（命題 3.3.1）2 つの実数 a, b と虚数単位 i $(i^2 = -1)$ に対して，複素数 $\alpha = a + bi$ を考える. また，虚部の符号を変えた $\bar{\alpha} = a - bi$ を α の共役複素数という. いま，$f(x)$ を実数係数の n 次多項式として次の n 次方程式を考える.

$$f(x) = a_0 x^n + a_1 x^{n-1} + a_2 x^{n-2} + \cdots + a_{n-1} x + a_n = 0 \qquad (3.1)$$

定理 3.3.2 より，α を方程式 (3.1) の解とする. このとき，因数定理から，

$$f(x) = (x - \alpha)g(x)$$

となる. ここで $g(x)$ は $n-1$ 次多項式である. α が実数ならば $f(x)$ の因数として 1 次式が取り出せたことになる.

α が複素数のとき. α は方程式 (3.1) の解なので，次が成り立つ.

$$a_0 \alpha^n + a_1 \alpha^{n-1} + a_2 \alpha^{n-2} + \cdots + a_{n-1} \alpha + a_n = 0$$

この両辺の共役複素数を考えると，係数は実数なので $\bar{a}_i = a_i$ に注意して次を得る.

$$a_0 \bar{\alpha}^n + a_1 \bar{\alpha}^{n-1} + a_2 \bar{\alpha}^{n-2} + \cdots + a_{n-1} \bar{\alpha} + a_n = 0$$

この等式は，$\bar{\alpha}$ も方程式 (3.1) の解であることを示している. したがって，

$$f(x) = (x - \alpha)(x - \bar{\alpha})h(x)$$

が成り立つ. ここで $h(x)$ は $n-2$ 次多項式である. ところで,

$$(x - \alpha)(x - \overline{\alpha}) = x^2 - (\alpha + \overline{\alpha})x + \alpha\overline{\alpha}$$

より, $(x - \alpha)(x - \overline{\alpha})$ は実数係数の 2 次式である. したがって, $h(x)$ の係数も実数で あり, このことを繰り返すことによって, $f(x)$ は実数係数の 1 次式または 2 次式の積 に因数分解されることが示された. ▌

問題 3.3

1. 次の不定積分を求めよ.

(1) $\displaystyle\int \frac{dx}{x^2 - 5x + 6}$ (2) $\displaystyle\int \frac{dx}{x^2 - 2}$

(3) $\displaystyle\int \frac{dx}{4x^2 - 12x + 9}$ (4) $\displaystyle\int \frac{dx}{x^2 + 4x + 6}$

2. 次の有理式を部分分数分解せよ.

(1) $\dfrac{1}{x(x-2)^2}$ (2) $\dfrac{2x^2 + 5x + 2}{(x+1)^3}$

(3) $\dfrac{x^3 - 2x^2 - 2}{(x^2 + 1)^2}$ (4) $\dfrac{x^2 + 1}{(x+1)(x^2 + 2x + 2)}$

3. 問題 2 の部分分数分解を用いて, 次の不定積分を求めよ.

(1) $\displaystyle\int \frac{dx}{x(x-2)^2}$ (2) $\displaystyle\int \frac{2x^2 + 5x + 2}{(x+1)^3}\, dx$

(3) $\displaystyle\int \frac{x^3 - 2x^2 - 2}{(x^2 + 1)^2}\, dx$ (4) $\displaystyle\int \frac{x^2 + 1}{(x+1)(x^2 + 2x + 2)}\, dx$

4. 次の不定積分を求めよ.

(1) $\displaystyle\int \frac{x + 7}{x^2 - x - 6}\, dx$ (2) $\displaystyle\int \frac{2}{x(x-1)(x-2)}\, dx$

(3) $\displaystyle\int \frac{x - 1}{(x-2)^3}\, dx$ (4) $\displaystyle\int \frac{2}{(x-1)(x^2 + 1)}\, dx$

5. 次の不定積分を求めよ.

(1) $\displaystyle\int \frac{dx}{x^3 - 1}$ (2) $\displaystyle\int \frac{dx}{x^4 - 1}$

3.4　三角関数および無理関数を含む関数の積分

前節では有理式の不定積分を求める方法を学んだが，本節では，「置換積分により有理式の積分に書き換えられるタイプの不定積分」を扱う．有理式の積分に帰着することができれば，前節の方法で不定積分を求めることができる．

三角関数の有理式の積分　　はじめに，次の命題を示す．

命題 3.4.1

$t = \tan \dfrac{x}{2}$ とおくと，以下が成り立つ．

$$\frac{dt}{dx} = \frac{1+t^2}{2} \qquad \sin x = \frac{2t}{1+t^2} \qquad \cos x = \frac{1-t^2}{1+t^2}$$

証明　$\dfrac{dt}{dx} = \left(\tan \dfrac{x}{2} \right)' = \dfrac{1}{2} \dfrac{\cos^2 \frac{x}{2} + \sin^2 \frac{x}{2}}{\cos^2 \frac{x}{2}} = \dfrac{1}{2} \left(1 + \tan^2 \dfrac{x}{2} \right) = \dfrac{1+t^2}{2}$

$\sin x = 2 \sin \dfrac{x}{2} \cos \dfrac{x}{2} = \dfrac{2 \sin \frac{x}{2} \cos \frac{x}{2}}{\cos^2 \frac{x}{2} + \sin^2 \frac{x}{2}} = \dfrac{2 \tan \frac{x}{2}}{1 + \tan^2 \frac{x}{2}} = \dfrac{2t}{1+t^2}$

$\cos x = \cos^2 \dfrac{x}{2} - \sin^2 \dfrac{x}{2} = \dfrac{\cos^2 \frac{x}{2} - \sin^2 \frac{x}{2}}{\cos^2 \frac{x}{2} + \sin^2 \frac{x}{2}} = \dfrac{1 - \tan^2 \frac{x}{2}}{1 + \tan^2 \frac{x}{2}} = \dfrac{1-t^2}{1+t^2}$　∎

この命題より，三角関数の有理式の積分は，下記のとおり1変数の有理式の積分に帰着される．ここで $f(u, v)$ は，2変数 u, v の有理式とする．

$$\int f(\sin x, \cos x) \, dx = \int f\left(\frac{2t}{1+t^2}, \frac{1-t^2}{1+t^2} \right) \frac{2}{1+t^2} \, dt$$

例題 1　$\displaystyle \int \frac{dx}{2 + \cos x}$ を求めよ．

解答　$t = \tan \dfrac{x}{2}$ とおくと，命題 3.4.1 より以下となる．

$$与式 = \int \frac{1}{2 + \frac{1-t^2}{1+t^2}} \cdot \frac{2}{1+t^2} \, dt = \int \frac{2}{t^2 + 3} \, dt$$

$$= \frac{2}{\sqrt{3}} \tan^{-1} \frac{t}{\sqrt{3}} + C = \frac{2}{\sqrt{3}} \tan^{-1} \left(\frac{1}{\sqrt{3}} \tan \frac{x}{2} \right) + C$$　∎

問 1　$\displaystyle \int \frac{dx}{3 + \cos x}$ を求めよ．

例題 2 $\displaystyle\int \frac{dx}{\cos x}$ を，次の 2 通りの方法で求めよ.

(1) $\sin x = t$ とおく置換積分. (2) 命題 3.4.1 による置換積分.

解答

(1) 与式 $\displaystyle = \int \frac{\cos x}{\cos^2 x}\,dx = \int \frac{\cos x}{1 - \sin^2 x}\,dx$

ここで $\sin x = t$ とおくと，$\cos x\,dx = dt$ より，

$$= \int \frac{dt}{1 - t^2} = \frac{1}{2}\int \left(\frac{1}{1+t} + \frac{1}{1-t}\right) dt$$

$$= \frac{1}{2}\left(\log|t+1| - \log|1-t|\right) + C$$

$$= \frac{1}{2}\log\left|\frac{1+t}{1-t}\right| + C = \frac{1}{2}\log\left|\frac{1+\sin x}{1-\sin x}\right| + C$$

(2) 与式 $\displaystyle = \int \frac{1+t^2}{1-t^2}\cdot\frac{2}{1+t^2}\,dt = 2\int \frac{dt}{1-t^2} = \int \left(\frac{1}{1+t} + \frac{1}{1-t}\right) dt$

$$= \log\left|\frac{1+t}{1-t}\right| + C = \log\left|\frac{1+\tan\frac{x}{2}}{1-\tan\frac{x}{2}}\right| + C$$

注意 上記の 2 通りの計算結果は，見かけは異なるが一致する (節末問題).

問 2 $\displaystyle\int \tan^3 x\,dx$ を $\cos x = t$ とおく置換積分で求めよ.

注意 $\displaystyle\int \tan^3 x\,dx$ を命題 3.4.1 による置換積分で求めると，思いのほか煩雑な式となる. このように，$f(\sin x, \cos x)$ の積分は，命題 3.4.1 の方法により確実に有理式の積分に帰着できるが，煩雑になることもあり，個別の工夫や置き換えが可能かどうか，適切な判断が必要である.

無理関数の積分 無理関数については，根号の中が 1 次式または 2 次式の場合について，下記のような置き換えをする.

◆ 根号のはずし方

(1) $\displaystyle\int f\left(x, \sqrt[n]{\frac{ax+b}{cx+d}}\right) dx$ $(ad - bc \neq 0)$ の場合.

$t = \sqrt[n]{\dfrac{ax+b}{cx+d}}$ とおき，両辺を n 乗して根号をはずす.

(2) $\displaystyle\int f\left(x, \sqrt{ax^2+bx+c}\right) dx$ $(a > 0)$ の場合.

> $t - \sqrt{a}x = \sqrt{ax^2 + bx + c}$ とおき，両辺を 2 乗して根号をはずす．
>
> (3) $\displaystyle\int f\left(x, \sqrt{ax^2 + bx + c}\right) dx$ $(a < 0,\ b^2 - 4ac > 0)$ の場合．
>
> $ax^2 + bx + c = 0$ の解を $\alpha < \beta$ とすると，$\alpha < x < \beta$ のとき，
>
> $$\sqrt{ax^2 + bx + c} = \sqrt{a(x - \alpha)(x - \beta)} = (x - \alpha)\sqrt{\frac{a(x - \beta)}{x - \alpha}}$$
>
> となり，根号の中が 1 次分数式の場合 (1) に帰着される．

例題 3　$\displaystyle\int \frac{dx}{(x - 1)\sqrt{x + 1}}$ を求めよ．

解答　$\sqrt{x + 1} = t$ とおくと，$x + 1 = t^2$ より，$x = t^2 - 1$, $dx = 2t\,dt$.
したがって，

$$与式 = \int \frac{2t}{(t^2 - 2)t}\,dt = 2\int \frac{dt}{t^2 - 2} = \frac{1}{\sqrt{2}}\int\left(\frac{1}{t - \sqrt{2}} - \frac{1}{t + \sqrt{2}}\right) dt$$

$$= \frac{1}{\sqrt{2}}\log\left|\frac{t - \sqrt{2}}{t + \sqrt{2}}\right| + C = \frac{1}{\sqrt{2}}\log\left|\frac{\sqrt{x + 1} - \sqrt{2}}{\sqrt{x + 1} + \sqrt{2}}\right| + C$$

問 3　$\displaystyle\int \frac{x}{\sqrt{x - 1}}\,dx$ を求めよ．

例題 4　$\displaystyle\int \sqrt{x^2 + a}\,dx$ を求めよ．

解答　$t - x = \sqrt{x^2 + a}$ とおく．
両辺を 2 乗すると，$t^2 - 2tx + x^2 = x^2 + a$ より，次を得る．

$$x = \frac{t^2 - a}{2t} \qquad dx = \frac{t^2 + a}{2t^2}dt \qquad \sqrt{x^2 + a} = t - x = \frac{t^2 + a}{2t}$$

したがって，

$$与式 = \int \frac{t^2 + a}{2t} \cdot \frac{t^2 + a}{2t^2}\,dt = \int\left(\frac{t^4 + 2at^2 + a^2}{4t^3}\right) dt$$

$$= \int\left(\frac{t}{4} + \frac{a}{2t} + \frac{a^2}{4t^3}\right) dt = \frac{t^2}{8} + \frac{a}{2}\log|t| - \frac{a^2}{8t^2} + C$$

$$= \frac{1}{2} \cdot \frac{t^2 - a}{2t} \cdot \frac{t^2 + a}{2t} + \frac{a}{2}\log|t| + C$$

$$= \frac{1}{2}\left(x\sqrt{x^2 + a} + a\log\left|x + \sqrt{x^2 + a}\right|\right) + C$$

例題 5　$\displaystyle\int \frac{dx}{\sqrt{-x^2 + 3x - 2}}$ を求めよ．

解答 $\sqrt{-x^2+3x-2}=\sqrt{(2-x)(x-1)}$ より,$1<x<2$ の範囲で考える.

$$\frac{1}{\sqrt{(2-x)(x-1)}}=\frac{1}{x-1}\sqrt{\frac{x-1}{2-x}} \text{ より,} \sqrt{\frac{x-1}{2-x}}=t \text{ とおく.}$$

このとき,$\dfrac{x-1}{2-x}=t^2$ より次を得る.

$$x=2-\frac{1}{t^2+1} \qquad dx=\frac{2t}{(t^2+1)^2}\,dt$$

したがって,

$$\text{与式}=\int \frac{1}{x-1}\sqrt{\frac{x-1}{2-x}}\,dx=\int \frac{t^2+1}{t^2}\cdot t\cdot\frac{2t}{(t^2+1)^2}\,dt$$

$$=2\int \frac{dt}{t^2+1}=2\tan^{-1}t+C=2\tan^{-1}\sqrt{\frac{x-1}{2-x}}+C$$

問 4 次の不定積分を求めよ.

(1) $\displaystyle\int \frac{dx}{\sqrt{x^2+a}}$　　(2) $\displaystyle\int \frac{dx}{\sqrt{(x+2)(1-x)}}$

注意 例題 4 と問 4 (1) によって,不定積分一覧における根号を含む場合の確認ができたことになる.

次の例は,3.2 節の例題 2 において部分積分を用いて求めた不定積分である.

例 1 $\displaystyle\int \sqrt{a^2-x^2}\,dx$ $(a>0)$ に対して,$x=a\sin\theta$ $\left(-\dfrac{\pi}{2}\leqq\theta\leqq\dfrac{\pi}{2}\right)$ とおく.このとき,$dx=a\cos\theta\,d\theta$ より,下記を得る.

$$\int \sqrt{a^2-x^2}\,dx=\int a\cos\theta\,a\cos\theta\,d\theta=\frac{a^2}{2}\int(1+\cos2\theta)\,d\theta$$

$$=\frac{a^2}{2}\left(\theta+\frac{1}{2}\sin2\theta\right)=\frac{a^2}{2}(\theta+\sin\theta\cos\theta)+C$$

$$=\frac{a^2}{2}\left(\sin^{-1}\frac{x}{a}+\frac{x}{a}\sqrt{1-\left(\frac{x}{a}\right)^2}\right)+C$$

$$=\frac{1}{2}\left(x\sqrt{a^2-x^2}+a^2\sin^{-1}\frac{x}{a}\right)+C$$

積分の漸化式 3.3 節の例題 2 でも紹介したが,累乗の積分には漸化式がしばしば有効である.

命題 3.4.2

$I_n = \displaystyle\int \sin^n x\,dx$　$J_n = \displaystyle\int \cos^n x\,dx$ とおくと，次の漸化式が成り立つ．

(1) $I_n = -\dfrac{1}{n}\sin^{n-1} x \cos x + \dfrac{n-1}{n} I_{n-2}$　$(n = 2, 3, 4, \cdots)$

(2) $J_n = \dfrac{1}{n}\cos^{n-1} x \sin x + \dfrac{n-1}{n} J_{n-2}$　$(n = 2, 3, 4, \cdots)$

証明　(1)

$$I_n = \int \sin^n x\,dx = \int \sin^{n-1} x \sin x\,dx = \int \sin^{n-1} x (-\cos x)'\,dx$$

$$= -\sin^{n-1} x \cos x + (n-1)\int \sin^{n-2} x \cos^2 x\,dx$$

$$= -\sin^{n-1} x \cos x + (n-1)\int \sin^{n-2} x \left(1 - \sin^2 x\right)\,dx$$

$$= -\sin^{n-1} x \cos x + (n-1)(I_{n-2} - I_n)$$

したがって，$I_n = -\sin^{n-1} x \cos x + (n-1)(I_{n-2} - I_n)$ より，

$$I_n = -\frac{1}{n}\sin^{n-1} x \cos x + \frac{n-1}{n} I_{n-2}$$

を得る．(2) も同様である．

問 5　命題 3.4.2 の漸化式を用いて，次の不定積分を求めよ．

(1) $\displaystyle\int \sin^4 x\,dx$　　(2) $\displaystyle\int \cos^3 x\,dx$

命題 3.4.2 を定積分に適用して，次を得る．証明は節末問題とする．

命題 3.4.3

$$\int_0^{\frac{\pi}{2}} \sin^n x\,dx = \int_0^{\frac{\pi}{2}} \cos^n x\,dx$$

$$\int_0^{\frac{\pi}{2}} \sin^n x\,dx = \begin{cases} \dfrac{(n-1)}{n} \dfrac{(n-3)}{(n-2)} \dfrac{(n-5)}{(n-4)} \cdots \dfrac{1}{2} \dfrac{\pi}{2} & (n > 1 : 偶数) \\[3mm] \dfrac{(n-1)}{n} \dfrac{(n-3)}{(n-2)} \dfrac{(n-5)}{(n-4)} \cdots \dfrac{2}{3} & (n > 1 : 奇数) \end{cases}$$

問題 **3.4**

1. 次の不定積分を, $t = \tan \dfrac{x}{2}$ とおく置換積分で求めよ.

(1) $\displaystyle \int \frac{dx}{1 + \cos x}$

(2) $\displaystyle \int \frac{dx}{1 + \sin x}$

(3) $\displaystyle \int \frac{dx}{1 + \cos x + \sin x}$

(4) $\displaystyle \int \frac{1 + \cos x}{(1 + \sin x)^2} \, dx$

2. 次の不定積分を求めよ.

(1) $\displaystyle \int \frac{1 - \sin x}{(x + \cos x)^2} \, dx$

(2) $\displaystyle \int \frac{\cos x}{4 + 5 \sin x} \, dx$

(3) $\displaystyle \int \frac{\sin^3 x}{(1 - \cos x)(1 + \cos^2 x)} \, dx$

(4) $\displaystyle \int \frac{dx}{1 + \tan x}$

3. 次の不定積分を求めよ.

(1) $\displaystyle \int \frac{dx}{x \sqrt{x + 1}}$

(2) $\displaystyle \int \frac{1 - \sqrt{x}}{1 + \sqrt{x}} \, dx$

(3) $\displaystyle \int \frac{x}{\sqrt{x^2 + 1}} \, dx$

(4) $\displaystyle \int \frac{dx}{x \sqrt{x^2 + 1}}$

(5) $\displaystyle \int \frac{dx}{\sqrt{(x + 1)(2 - x)}}$

(6) $\displaystyle \int \sqrt{\frac{1 + x}{1 - x}} \, dx$

4. 例題 2 における (1), (2) の不定積分が一致することを示せ. すなわち, 次の等式を示せ.

$$\log \left| \frac{1 + \tan \frac{x}{2}}{1 - \tan \frac{x}{2}} \right| = \frac{1}{2} \log \left| \frac{1 + \sin x}{1 - \sin x} \right|$$

ヒント : $\left| \dfrac{1 + \tan \frac{x}{2}}{1 - \tan \frac{x}{2}} \right|^2 = \left| \dfrac{1 + \sin x}{1 - \sin x} \right|$ を示す.

5. $A_n = \displaystyle \int_0^{\frac{\pi}{2}} \sin^n x \, dx \quad B_n = \int_0^{\frac{\pi}{2}} \cos^n x \, dx$ とおく.

(1) $x = \dfrac{\pi}{2} - t$ という置換積分により, $A_n = B_n$ を示せ.

(2) 命題 3.4.2 を用いて $A_n = \dfrac{n - 1}{n} A_{n-2}$ が成り立つことを示し, 命題 3.4.3 を証明せよ.

3.5　広義積分

有界閉区間上の連続関数の定積分について，これまでいくつかの性質や計算法を学んだが，本節では定義区間の有界性や被積分関数の連続性の条件を緩めた広義積分について学ぶ.

有界区間上の非有界関数　$f(x)$ は区間 $[a, b)$ で定義された連続関数であるとする. このとき，次の極限が収束するならば，$f(x)$ は**広義積分可能**といい，その値を区間 $[a, b)$ における**広義積分**と定める.

$$\int_a^b f(x)\, dx = \lim_{t \to b-0} \int_a^t f(x)\, dx$$

すなわち，a から b の少し手前まで積分し，b に近づけた片側極限とする.

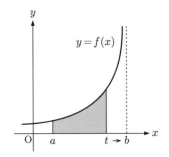

図 3.3　広義積分

区間 $(a, b]$ で連続の場合は，同様に下記の極限とする.

$$\int_a^b f(x)\, dx = \lim_{t \to a+0} \int_t^b f(x)\, dx$$

区間 (a, b) の場合は，$a < c < b$ となる適当な点 c をとり，区間 $(a, c]$ および区間 $[c, b)$ における広義積分の和とする. 区間の加法性により，点 c のとり方には依存しない.

例 1　$f(x) = \dfrac{1}{\sqrt{1-x}}$ とすると，$x \to 1-0$ のとき $f(x) \to \infty$ である. 区間 $[0, 1]$ における広義積分は以下となる.

$$\int_0^1 \frac{dx}{\sqrt{1-x}} = \lim_{t \to 1-0} \int_0^t \frac{dx}{\sqrt{1-x}} = \lim_{t \to 1-0} \Big[-2\sqrt{1-x} \Big]_0^t$$

$$= -2 \lim_{t \to 1-0} (\sqrt{1-t} - 1) = 2$$

例 2

$$\int_{-1}^{0} \frac{dx}{\sqrt{1-x^2}} = \lim_{t \to -1+0} \int_{t}^{0} \frac{dx}{\sqrt{1-x^2}}$$

$$= \lim_{t \to -1+0} \left[\sin^{-1} x \right]_{t}^{0} = - \lim_{t \to -1+0} \sin^{-1} t$$

$$= -\sin^{-1}(-1) = \frac{\pi}{2}$$

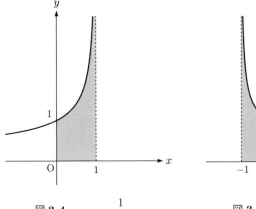

図 3.4 $\quad y = \dfrac{1}{\sqrt{1-x}}$

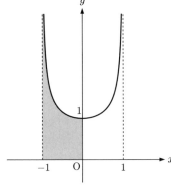

図 3.5 $\quad y = \dfrac{1}{\sqrt{1-x^2}}$

注意　例 1 と例 2 は，それぞれ，x 軸，y 軸，直線および曲線で囲まれた無限領域の面積を表している.

問 1　次の広義積分を求めよ.

(1) $\displaystyle \int_{0}^{2} \frac{dx}{\sqrt{x}}$ 　　(2) $\displaystyle \int_{0}^{1} \frac{dx}{(x-1)^2}$

命題 3.5.1

$\alpha > 0$ のとき，次が成り立つ.

$$\int_{0}^{1} \frac{dx}{x^{\alpha}} = \begin{cases} \dfrac{1}{1-\alpha} & (0 < \alpha < 1) \\ \infty & (1 \leqq \alpha) \end{cases}$$

証明 $0 < \alpha < 1$ のとき,

$$\int_0^1 \frac{dx}{x^\alpha} = \lim_{t \to +0} \int_t^1 \frac{dx}{x^\alpha} = \lim_{t \to +0} \left[\frac{1}{1-\alpha} x^{1-\alpha} \right]_t^1$$

$$= \frac{1}{1-\alpha} \lim_{t \to +0} \left(1 - t^{1-\alpha} \right) = \frac{1}{1-\alpha}$$

$\alpha = 1$ のとき, $\displaystyle \int_0^1 \frac{dx}{x} = \lim_{t \to +0} \left[\log x \right]_t^1 = - \lim_{t \to +0} \log t = \infty$

$\alpha > 1$ のとき, $\displaystyle \int_0^1 \frac{dx}{x^\alpha} = \lim_{t \to +0} \left[\frac{1}{1-\alpha} x^{1-\alpha} \right]_t^1$

$$= \frac{1}{1-\alpha} \lim_{t \to +0} \left(1 - \frac{1}{t^{\alpha-1}} \right) = \infty$$

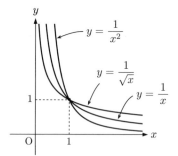

図 3.6 $f(x) = \dfrac{1}{x^\alpha}$: $\alpha = \dfrac{1}{2}$, $\alpha = 1$, $\alpha = 2$ のグラフ

非有界区間上の関数 $f(x)$ は区間 $[a, \infty)$ で定義された連続関数とする. このとき, 次の極限が収束するならば, $f(x)$ は広義積分可能といい, その値を区間 $[a, \infty)$ における広義積分と定める.

$$\int_a^\infty f(x)\, dx = \lim_{t \to \infty} \int_a^t f(x)\, dx$$

すなわち, 有限区間で定積分を求め, 区間を無限に伸ばしたときの極限とする. 積分区間が無限であるため, **無限積分**ともいう.

$(-\infty, b]$ の場合も下記の通り同様である. $(-\infty, \infty)$ の場合は, 適当な点 c をとり, $(-\infty, c]$ と $[c, \infty)$ における広義積分の和とする. 区間の加法性によ

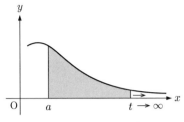

図 3.7 無限区間の広義積分

り，点 c のとり方には依存しない.

$$\int_{-\infty}^{b} f(x)\,dx = \lim_{t \to -\infty} \int_{t}^{b} f(x)\,dx$$

例 3

$$\int_{0}^{\infty} e^{-x}\,dx = \lim_{t \to \infty} \int_{0}^{t} e^{-x}\,dx = \lim_{t \to \infty} \Big[- e^{-x} \Big]_{0}^{t}$$

$$= \lim_{t \to \infty} (-e^{-t} + 1) = 1$$

例 4

$$\int_{-\infty}^{0} \frac{dx}{x^2 + 1} = \lim_{t \to -\infty} \int_{t}^{0} \frac{dx}{x^2 + 1} = \lim_{t \to -\infty} \Big[\tan^{-1} x \Big]_{t}^{0}$$

$$= \lim_{t \to -\infty} (-\tan^{-1} t) = \frac{\pi}{2}$$

例 5 $\displaystyle \int_{1}^{\infty} \frac{dx}{x} = \lim_{t \to \infty} \int_{1}^{t} \frac{dx}{x} = \lim_{t \to \infty} \Big[\log x \Big]_{1}^{t} = \lim_{t \to \infty} \log t = \infty$

問 2　次の広義積分を求めよ.

(1) $\displaystyle \int_{-\infty}^{0} e^{2x}\,dx$ 　　(2) $\displaystyle \int_{0}^{\infty} \frac{dx}{\sqrt{x+1}}$ 　　(3) $\displaystyle \int_{2}^{\infty} \frac{dx}{x^2}$

次の命題は，命題 3.5.1 と対になる命題である.

命題 3.5.2

$\alpha > 0$ のとき，次が成り立つ.

$$\int_{1}^{\infty} \frac{dx}{x^\alpha} = \begin{cases} \infty & (0 < \alpha \le 1) \\[2mm] \dfrac{1}{\alpha - 1} & (1 < \alpha) \end{cases}$$

証明　$0 < \alpha < 1$ のとき,
$$\int_1^\infty \frac{dx}{x^\alpha} = \lim_{t \to \infty} \int_1^t \frac{dx}{x^\alpha} = \lim_{t \to \infty} \left[\frac{1}{1-\alpha} x^{1-\alpha} \right]_1^t$$
$$= \frac{1}{1-\alpha} \lim_{t \to \infty} \left(t^{1-\alpha} - 1 \right) = \infty$$

$\alpha = 1$ のとき, $\displaystyle \int_1^\infty \frac{dx}{x} = \lim_{t \to \infty} \left[\log x \right]_1^t = \lim_{t \to \infty} \log t = \infty$

$\alpha > 1$ のとき, $\displaystyle \int_1^\infty \frac{dx}{x^\alpha} = \lim_{t \to \infty} \left[\frac{1}{1-\alpha} x^{1-\alpha} \right]_1^t$
$$= \frac{1}{1-\alpha} \lim_{t \to \infty} \left(\frac{1}{t^{\alpha-1}} - 1 \right) = \frac{1}{\alpha-1} \qquad ∎$$

次の定理は, 与えられた関数の広義積分が収束するか否かが直接わからなくても, 他の関数により評価できる可能性を示している.

定理 3.5.3 (比較原理)

$f(x)$, $g(x)$ を区間 $[a, \infty)$ で定義された連続関数とし, つねに $0 \leqq f(x) \leqq g(x)$ であるとする. このとき,
$$\int_a^\infty g(x)\,dx \ \text{が収束するならば} \ \int_a^\infty f(x)\,dx \ \text{も収束する.}$$

証明　$\displaystyle \int_a^\infty g(x)\,dx = K$ とする. このとき, $\displaystyle \int_a^t f(x)\,dx \leqq \int_a^\infty g(x)\,dx = K$ より, $\displaystyle \int_a^t f(x)\,dx$ は上に有界である. しかも, $f(x) \geqq 0$ より, $\displaystyle \int_a^t f(x)\,dx$ は t の広義の単調増加関数である. したがって, 定理 1.1.1 と同様に, $\displaystyle \lim_{t \to \infty} \int_a^t f(x)\,dx$ は収束する. 　∎

ガンマ関数とベータ関数　以下で, 広義積分を用いて定義される 2 つの関数を紹介する. 次の命題の証明は省略する.

命題 3.5.4

$s > 0$ のとき, 次の広義積分は収束する.
$$\int_0^\infty e^{-x} x^{s-1}\,dx$$

命題 3.5.4 で収束が保証された広義積分の値を，$s > 0$ の関数と考えて $\Gamma(s)$ と書き，**ガンマ関数**という．すなわち，

$$\Gamma(s) = \int_0^\infty e^{-x} x^{s-1}\, dx \quad (s > 0)$$

例 3 より $\Gamma(1) = \int_0^\infty e^{-x}\, dx = 1$ である．

問 3 $\Gamma(2)$ を求めよ．

次の命題の証明は省略する．

命題 3.5.5

$p > 0$ かつ $q > 0$ のとき，次の広義積分は収束する．

$$\int_0^1 x^{p-1}(1-x)^{q-1}\, dx$$

命題 3.5.5 における積分は，$p \geqq 1$ かつ $q \geqq 1$ のとき通常の積分であるが，$0 < p < 1$ または $0 < q < 1$ のとき広義積分である．この積分の値は，p と q によって決まるので，$B(p,q)$ と書き，**ベータ関数**という．すなわち，

$$B(p,q) = \int_0^1 x^{p-1}(1-x)^{q-1}\, dx \quad (p > 0,\ q > 0)$$

ガンマ関数とベータ関数は重要な特殊関数であり，これらの関数に帰着する広義積分も多く存在する．基本的な性質の証明や応用については 5.5 節で改めて述べる．

問題 **3.5**

1. 次の広義積分を求めよ.

(1) $\displaystyle\int_{-1}^{0} \frac{dx}{(x+1)^2}$
(2) $\displaystyle\int_{0}^{\frac{\pi}{2}} \frac{\cos x}{\sqrt{\sin x}}\,dx$

(3) $\displaystyle\int_{0}^{1} x\log x\,dx$
(4) $\displaystyle\int_{1}^{2} \frac{dx}{\sqrt{x^2-1}}$

(5) $\displaystyle\int_{0}^{\infty} xe^{-x}\,dx$
(6) $\displaystyle\int_{0}^{\infty} xe^{-x^2}\,dx$

(7) $\displaystyle\int_{0}^{\infty} \frac{\tan^{-1} x}{x^2+1}\,dx$
(8) $\displaystyle\int_{1}^{\infty} \frac{dx}{x\sqrt{x^2-1}}$

(9) $\displaystyle\int_{-\infty}^{\infty} \frac{dx}{e^x+e^{-x}}$
(10) $\displaystyle\int_{-\infty}^{\infty} \frac{dx}{(x^2+1)(x^2+4)}$

2. 次の広義積分は，不連続点で積分区間を分割することにより求めよ.

(1) $\displaystyle\int_{-1}^{1} \frac{1}{\sqrt{|x|}}\,dx$

(2) $\displaystyle\int_{0}^{2} \frac{1}{\sqrt{|x^2-1|}}\,dx$

(3) $\displaystyle\int_{0}^{3} \frac{2x-3}{\sqrt{|x^2-3x+2|}}\,dx$

3. $\Gamma(3)$ を求めよ.

4. $B\left(\dfrac{1}{2}, \dfrac{1}{2}\right)$ を求めよ.

ヒント：この不定積分は，3.1 節の例題 1 で示されている.

3.6　区分求積法と定積分の応用

　本節では，区分求積法の考え方により定積分を定式化し，図形の面積や曲線の長さについて学ぶ．

リーマン和　$f(x)$ を閉区間 $[a,b]$ において定義された関数とする．区間 $[a,b]$ を次のように分割し，その分割を Δ とする．

$$\Delta : a = x_0 < x_1 < x_2 < x_3 < \cdots < x_n = b$$

　この分割における各小区間 $[x_{k-1}, x_k]$ $(k = 1, 2, \cdots, n)$ から任意に点 ξ_k をとり，またその小区間の幅を Δx_k として次のような和を作る．

$$\sum_{k=1}^{n} f(\xi_k) \Delta x_k$$

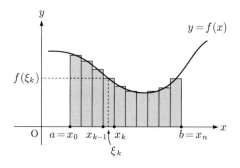

図 3.8　リーマン和

　この和を**リーマン和**という．これは，$y = f(x)$ $(a \leqq x \leqq b)$ のグラフと x 軸で囲まれた図形の面積を，「長方形の面積の総和」として近似したものである．そして分割を細かくしたときにこの近似の極限が存在すれば，その値を $f(x)$ の $[a,b]$ における**リーマン積分**といい，これまでと同じ次の積分記号で表現する．またこのとき，$f(x)$ は $[a,b]$ で**リーマン積分可能**という．

$$\int_a^b f(x)\, dx$$

　ここで，分割を細かくするとは，どういうことであろうか．それは，単に分割の個数を多くするだけでなく，分割の最大幅を限りなく 0 に近づけるという

ことである. すなわち, 分割 Δ の最大幅を $\max(\Delta)$ とすると, リーマン積分は下記のように表される.

$$\int_a^b f(x)\,dx = \lim_{\max(\Delta) \to 0} \sum_{k=1}^{n} f(\xi_k)\Delta x_k$$

上記の定積分は, 長方形の面積の総和の極限として定義されており, これによって, 曲線で囲まれた図形の面積が正確に定義されたことになる. このような方法を**区分求積法**という. リーマン積分の可能性については, 次が成り立つ. 証明は省略する.

定理 3.6.1

$f(x)$ が $[a,b]$ で有界で連続ならば, リーマン積分可能である.

この定理より, $f(x)$ が連続ならば, 3.1 節で定義した定積分の値と, 本節で定義したリーマン積分の値は一致する. したがって, 今後, 連続関数については, これまでの定積分とリーマン積分を区別しないこととする.

例1 区間 $[0,1]$ において定義された連続関数 $f(x)$ について, 次が成り立つ.

$$\int_0^1 f(x)\,dx = \lim_{n \to \infty} \sum_{k=1}^{n} \frac{1}{n} f\left(\frac{k}{n}\right)$$

証明 $[0,1]$ を n 等分し $\Delta : 0 = \dfrac{0}{n} < \dfrac{1}{n} < \dfrac{2}{n} < \cdots < \dfrac{n-1}{n} < \dfrac{n}{n} = 1$ とする. 各小区間 $\left[\dfrac{k-1}{n}, \dfrac{k}{n}\right]$ から選ぶ点を端点 $\dfrac{k}{n}$ とする. また, 小区間の幅は $\dfrac{1}{n}$ である. このとき, リーマン和は関数の値 $f\left(\dfrac{k}{n}\right)$ と幅 $\dfrac{1}{n}$ を掛けた値 $\dfrac{1}{n}f\left(\dfrac{k}{n}\right)$ の総和であり, $\max(\Delta) \to 0$ は $n \to \infty$ となるので, 上記の等式を得る. ∎

問1 $f(x) = x^2$ について, 例1の左辺と右辺の値をそれぞれ求めよ.

曲線の長さ 関数 $y = f(x)$ $(a \leqq x \leqq b)$ のグラフとして表された曲線の長さを考える. ここでも区分求積法の考え方を用いて, 区間 $[a,b]$ を次のように分割し, 曲線上に $n+1$ 個の点 $\mathrm{P}_k(x_k, f(x_k))$ をとる.

$$a = x_0 < x_1 < x_2 < x_3 < \cdots < x_n = b$$

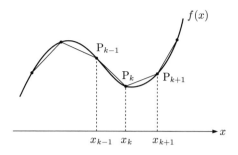

図 3.9 曲線の折れ線近似

これらの $n+1$ 個の点をつないだ折れ線の長さの総和が，リーマン積分の定義のときと同様に，区間 $[a, b]$ における分割を細かくしていくとき一定の値に収束するならば，その値を曲線の長さと定める．このとき，C^1 級関数に対して次が成り立つ．

定理 3.6.2（曲線の長さ）

$[a, b]$ 上の C^1 級関数 $f(x)$ に対して，曲線 $y = f(x)$ $(a \leqq x \leqq b)$ の長さは次の定積分で与えられる．

$$\int_a^b \sqrt{1 + f'(x)^2}\, dx$$

証明 曲線 $y = f(x)$ 上の点をつないだ折れ線の長さは，次の式で与えられる．

$$\sum_{k=1}^n \sqrt{(x_k - x_{k-1})^2 + (f(x_k) - f(x_{k-1}))^2}$$

$$= \sum_{k=1}^n \sqrt{1 + \left(\frac{f(x_k) - f(x_{k-1})}{x_k - x_{k-1}}\right)^2}\, (x_k - x_{k-1}) \tag{3.2}$$

ここで区間 $[x_{k-1}, x_k]$ に平均値の定理を適用すると，次の等式を満たす点 ξ_k が区間内に存在する．

$$\frac{f(x_k) - f(x_{k-1})}{x_k - x_{k-1}} = f'(\xi_k)$$

したがって，上記 (3.2) は次のように書ける．

$$= \sum_{k=1}^n \sqrt{1 + f'(\xi_k)^2}\, (x_k - x_{k-1})$$

この式は，関数 $\sqrt{1+f'(x)^2}$ のリーマン和である．しかも $f'(x)$ が連続より $\sqrt{1+f'(x)^2}$ も連続であり，定理 3.6.1 から極限が定積分として与えられる．∎

問2　曲線 $y = x^2$ の区間 $[0, 1]$ に対応する部分の長さを求めよ．

パラメータ表示された曲線の長さ　曲線 C 上の点 (x, y) が，ある区間 $[\alpha, \beta]$ において変数 t の関数として，下記のように表現されているとき，これをパラメータ表示と呼ぶことは，2.2 節で学んだ．

$$x = f(t), \ y = g(t) \quad (\alpha \leqq t \leqq \beta)$$

この曲線の長さについては，定理 3.6.2 と同様の議論で次が成り立つ．証明は省略する．

定理 3.6.3

$x = f(t), \ y = g(t)$ がともに C^1 級ならば，その長さは次の定積分で与えられる．

$$\int_\alpha^\beta \sqrt{f'(t)^2 + g'(t)^2}\, dt$$

例2　サイクロイドは $a > 0$ として，次のパラメータ表示で定められる曲線であり，その概形は 2.2 節の図 2.6 に描かれている．

$$x = a(t - \sin t), \ y = a(1 - \cos t) \quad (0 \leqq t \leqq 2\pi)$$

その長さは，定理 3.6.3 より以下のとおりである．

$$a\int_0^{2\pi} \sqrt{(1 - \cos t)^2 + \sin^2 t}\, dt = a\int_0^{2\pi} \sqrt{2(1 - \cos t)}\, dt$$

$$= a\int_0^{2\pi} \sqrt{4\sin^2 \frac{t}{2}}\, dt = 2a\int_0^{2\pi} \sin \frac{t}{2}\, dt = -4a\left[\cos \frac{t}{2}\right]_0^{2\pi} = 8a \quad \blacksquare$$

問 **3**　アステロイドは $a > 0$ として，次のパ
ラメータ表示で定義される曲線であり，その
概形は図 3.10 に描かれている．その長さを求
めよ．

$$\begin{cases} x = a\cos^3 t \\ y = a\sin^3 t \end{cases} \quad (0 \leqq t \leqq 2\pi)$$

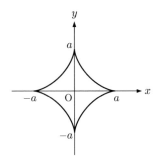

図 3.10　アステロイド

曲線の極座標表示　座標平面上の点 $P(x, y)$ が与えられたとき，原点 O から
P までの距離を $OP = r$，OP と x 軸の正の方向となす角を θ とすると，(r, θ)
が決まる．逆に (r, θ) が与えられれば，次の式によって (x, y) が決まる．

$$\begin{cases} x = r\cos\theta \\ y = r\sin\theta \end{cases}$$

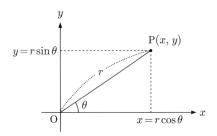

図 3.11　極座標

このように，(r, θ) によって，座標平面上の点を表す方法を**極座標**という．
極座標では，r と θ の関係が与えられれば，曲線を描くことができる．この関
係式を**極方程式**という．このとき，次が成り立つ．

定理 3.6.4
曲線が C^1 級の極方程式 $r = f(\theta)$ $(\alpha \leqq \theta \leqq \beta)$ で与えられるならば，
その長さは次の定積分で与えられる．

$$\int_\alpha^\beta \sqrt{f(\theta)^2 + f'(\theta)^2}\, d\theta$$

証明 $x = r\cos\theta = f(\theta)\cos\theta,\ y = r\sin\theta = f(\theta)\sin\theta$ とすると，これは (x, y) の変数 θ によるパラメータ表示である．したがって，定理 3.6.3 に代入することにより，結論を得る (節末問題 2).

例 3 $r = a(1 + \cos\theta)\ (0 \leq \theta \leq 2\pi)$ という極方程式で表される曲線を**カージオイド**という．

その長さは以下のとおりである．

$$f(\theta)^2 = a^2(1 + \cos\theta)^2$$

$$f'(\theta)^2 = a^2\sin^2\theta \quad \text{より}$$

$$2\int_0^\pi \sqrt{2a^2(1 + \cos\theta)}\, d\theta$$

$$= 4a\int_0^\pi \cos\frac{\theta}{2}\, d\theta = 8a$$

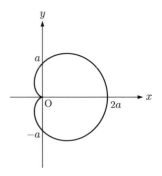

図 3.12 カージオイド

問題 3.6

1. 次の曲線の長さを求めよ.

   (1) $y = x^2 \quad (0 \leq x \leq a)$

   (2) $y = \log\cos x \quad \left(0 \leq x \leq \dfrac{\pi}{4}\right)$

   (3) $y = \log x \quad (1 \leq x \leq 2)$

   (4) $y = \dfrac{a}{2}(e^{\frac{x}{a}} + e^{-\frac{x}{a}})$

     $(0 \leq x \leq b,\ a > 0)$ **カテナリー**

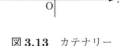

図 3.13 カテナリー

2. $x = f(\theta)\cos\theta,\ y = f(\theta)\sin\theta$ を定理 3.6.3 の式に代入することにより，定理 3.6.4 の式が成り立つことを確認せよ．

3. 次の極方程式で与えられた曲線の長さを求めよ.

   (1) $r = a\theta \quad (0 \leq \theta \leq \alpha),\ a > 0$ **（アルキメデスのらせん, 図 3.14）**

   (2) $r = e^{-a\theta} \quad (0 \leq \theta < \infty),\ a > 0$ **（等角らせん, 図 3.15）**

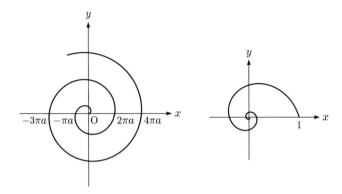

図 3.14 アルキメデスのらせん　　　**図 3.15** 等角らせん

4. サイクロイドと x 軸で囲まれた図形の面積を求めよ.

$$
\begin{cases}
x = a(t - \sin t) \\
y = a(1 - \cos t)
\end{cases}
(0 \leqq t \leqq 2\pi)
$$

ヒント：y を x の関数とみて，通常の面積の公式に当てはめて置換積分.

第4章　　　　　　　　　　　　　　　　　　　偏微分

　これまで1変数関数の微分積分について学んできたが，本章では偏微分法と呼ばれる2変数関数の微分について学ぶ．変数が2変数以上の関数を多変数関数と呼ぶが，2変数の場合について学べば，3変数以上の場合でも本質的に同様である．偏微分とは，多変数の中の1変数に注目し，他は定数と見なすことにより，1変数の微分法を用いて多変数関数の性質を研究する方法である．

4.1　多変数関数と偏微分

2変数関数と領域　　2つの変数 x, y に対して z の値が決まるとき，z は x, y の**2変数関数**とい，$z = f(x, y)$ と書く．このとき，x, y を**独立変数**，z を**従属変数**という．2変数以上の関数を，**多変数関数**という．

　2変数関数の定義域は，一般に xy 平面内で広がりをもつ**領域**とする．領域が縁の**境界線**を含む場合**閉領域**，境界線を含まない場合**開領域**という．また領域が，無限に広がるとき**非有界領域**，そうでないとき**有界領域**という．

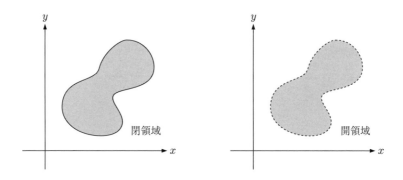

図 **4.1**　閉領域と開領域

例 1 (1) $z = x + y$ の定義域は xy 平面全体である.

(2) $z = \sqrt{1 - x^2 - y^2}$ の定義域は円 $x^2 + y^2 \leqq 1$ である. ‖

x, y を変化させたとき,それに伴って変化する $z = f(x, y)$ をあわせた 3 つ組み (x, y, z) は 3 次元空間内の点の集まりとして領域上の曲面となる.

例題 1 曲面 $z = x^2 + y^2$ の概形を描け.

[解答] $x = 0$ とすると $z = y^2$ となり,yz 平面による切り口は放物線である.また,$y = 0$ とすると $z = x^2$ となり,xz 平面による切り口も放物線である.したがって,$z = x^2 + y^2$ は,$z = x^2$ を $z = y^2$ に沿って移動させた軌跡として得られる曲面である. ‖

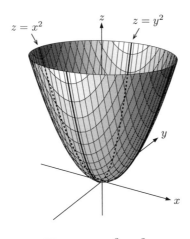

図 4.2 $z = x^2 + y^2$

‖ **問 1** 曲面 $z = y^2 - x^2$ の概形を描け.

例 2 $z = 1 - x - y$ は 3 点 $(1, 0, 0)$, $(0, 1, 0)$, $(0, 0, 1)$ を通る平面である. ‖

2 変数関数の極限 xy 平面において点 (x, y) を点 (a, b) に限りなく近づけるとき(ただし $(x, y) \neq (a, b)$),$f(x, y)$ がある値 L に限りなく近づくならば,L を $f(x, y)$ の (a, b) における**極限**または**極限値**といい,次のように記述する.

$$\lim_{(x,y) \to (a,b)} f(x, y) = L \quad \text{または} \quad f(x, y) \to L \quad ((x, y) \to (a, b))$$

ここで，平面上で点を点に近づける場合，図 4.3 のように様々な近づけ方がある．したがって，極限の存在を示すためには，どのような近づけ方をしても同じ極限値をもつことを示す必要がある．

図 4.3　平面上の点の接近

例題 2　次の極限を求めよ．

$$\lim_{(x,y)\to(0,0)} \frac{x^2 - y^2}{x^2 + y^2}$$

解答　点 (x, y) を原点に近づけるとき，直線 $y = kx$ に沿って近づけることを考える．このとき，

$$与式 = \lim_{x\to 0} \frac{x^2 - k^2 x^2}{x^2 + k^2 x^2} = \lim_{x\to 0} \frac{1 - k^2}{1 + k^2}$$

この値は，$k = 0$ のとき 1，$k = 1$ のとき 0 となり，近づける方向によって値が変わるので，極限は存在しない (図 4.4)．

例題 3　次の極限を求めよ．

$$\lim_{(x,y)\to(0,0)} \frac{x^3 + y^3}{x^2 + y^2}$$

解答　点 (x, y) の極座標を (r, θ) とすると，

$$\frac{x^3 + y^3}{x^2 + y^2} = \frac{r^3 \cos^3 \theta + r^3 \sin^3 \theta}{r^2} = r \left(\cos^3 \theta + \sin^3 \theta \right)$$

ここで，$(x, y) \to 0$ と $r \to 0$ は同値であり，$|\cos^3 \theta + \sin^3 \theta| \le 2$ に注意すると，次の結論を得る (図 4.5)．

$$\lim_{(x,y)\to(0,0)} \frac{x^3 + y^3}{x^2 + y^2} = \lim_{r\to 0} r \left(\cos^3 \theta + \sin^3 \theta \right) = 0$$

注意 極限が存在することを示すためには，近づけ方に関係なく目標の点との距離が 0 に近づくとき，ある値に収束することを示す必要がある．点 (x, y) と原点との距離は $\sqrt{x^2 + y^2} = r$ であり，極座標が有効に働く．

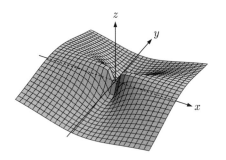

図 **4.4**　$z = \dfrac{x^2 - y^2}{x^2 + y^2}$

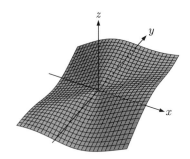

図 **4.5**　$z = \dfrac{x^3 + y^3}{x^2 + y^2}$

問 2　次の極限を求めよ．

(1) $\displaystyle\lim_{(x,y)\to(0,0)} \frac{xy}{x^2 + 2y^2}$　　　(2) $\displaystyle\lim_{(x,y)\to(0,0)} \frac{x^2 y}{x^2 + y^2}$

2 変数関数の極限と四則演算についても，1 変数のときと同様である．

定理 4.1.1 (2 変数関数の極限と四則演算)

関数 $f(x, y)$ と $g(x, y)$ に対して，

$\displaystyle\lim_{(x,y)\to(a,b)} f(x, y) = \alpha$, $\displaystyle\lim_{(x,y)\to(a,b)} g(x, y) = \beta$ とすると，次が成り立つ．

(1) $\displaystyle\lim_{(x,y)\to(a,b)} (f(x, y) \pm g(x, y)) = \alpha \pm \beta$　　（複号同順）

(2) $\displaystyle\lim_{(x,y)\to(a,b)} (f(x, y)g(x, y)) = \alpha\beta$

(3) $\displaystyle\lim_{(x,y)\to(a,b)} \frac{f(x, y)}{g(x, y)} = \frac{\alpha}{\beta}$　ただし，$\beta \neq 0$

---

2 変数関数の連続性　1 変数の場合と同様に，$f(x, y)$ が点 (a, b) で連続であるとは，この点における極限と，この点における関数の値が一致するときをいう．すなわち，次の等式が成り立つとき $f(x, y)$ は (a, b) で連続という．

$$\lim_{(x,y)\to(a,b)} f(x, y) = f(a, b)$$

また，$f(x,y)$ が定義されている領域のすべての点で連続のとき，$f(x,y)$ は連続という．

例題 4　次の関数の原点における連続性を調べよ．

$$f(x,y) = \frac{x^2 + y}{x^2 + y^2} \quad \text{ただし } f(0,0) = 0$$

解答　$x = 0$ として点 (x,y) を y 軸に沿って原点に近づけると，$f(0,y) = \dfrac{1}{y}$ となり，$\pm\infty$ に発散する．このため，原点 $(0,0)$ では不連続である．

問 3　次の関数の原点における連続性を調べよ．

(1) $f(x,y) = \dfrac{x^4 + y^3}{x^2 + y^2}$　ただし $f(0,0) = 0$

(2) $f(x,y) = \dfrac{x + y^2}{x^2 + y^2}$　ただし $f(0,0) = 0$

1 変数関数の最大値・最小値に関する定理 (定理 1.2.6) と同様に，2 変数関数についても次が成り立つ．証明は省略する．

定理 4.1.2 (最大値・最小値の定理)
有界閉領域 D で定義された 2 変数関数 $f(x,y)$ が連続であれば，$f(x,y)$ は D において最大値および最小値をもつ．

偏微分と偏導関数　2 変数関数 $z = f(x,y)$ において，$y = b$ を固定すると，x に対して $f(x,b)$ が対応する 1 変数関数が得られる．この 1 変数関数が $x = a$ において微分可能のとき，x に関して**偏微分可能**という．また，その微分係数を，x に関する**偏微分係数**といい $f_x(a,b)$ と書く．すなわち，

$$f_x(a,b) = \lim_{h \to 0} \frac{f(a+h,b) - f(a,b)}{h}$$

同様に，$x = a$ を固定することにより，y に関する偏微分可能性や偏微分係数 $f_y(a,b)$ が得られる．すなわち，

$$f_y(a,b) = \lim_{h \to 0} \frac{f(a,b+h) - f(a,b)}{h}$$

これらの偏微分係数は，曲面 $z = f(x,y)$ を平面 $y = b$ または平面 $x = a$ で

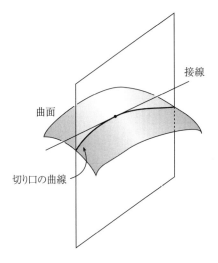

接線

曲面

切り口の曲線

図 4.6 曲面の切り口

切った切り口の曲線における微分係数 (接線の傾き) である.

$z = f(x, y)$ が定義域内のすべての点で偏微分可能のとき, 各点 (x, y) に偏微分係数を対応させることにより, 2 つの 2 変数関数が得られる. それらをそれぞれ, x に関する**偏導関数**および y に関する偏導関数といい, $f_x(x, y)$ または $f_y(x, y)$ と書く. さらに, 下記のような表記も用いる.

$$f_x, \quad z_x, \quad \frac{\partial z}{\partial x}, \quad \frac{\partial f}{\partial x}, \quad \frac{\partial}{\partial x} f(x, y), \quad D_x z, \quad D_x f(x, y)$$

$$f_y, \quad z_y, \quad \frac{\partial z}{\partial y}, \quad \frac{\partial f}{\partial y}, \quad \frac{\partial}{\partial y} f(x, y), \quad D_y z, \quad D_y f(x, y)$$

偏導関数を求めることを**偏微分する**という.

例題 5 次の関数の偏導関数を求めよ.

(1) $z = x^3 - x^2 y + 2y^2$ (2) $z = \sin(3x - y^2)$

解答 (1) y を定数と考えて, z を x で微分すると $z_x = 3x^2 - 2xy$ を得る. 同様に, $z_y = -x^2 + 4y$.

(2) 1 変数の合成関数の微分法をそのまま適用して, 次の偏導関数を得る.

$$z_x = 3\cos(3x - y^2), \ z_y = -2y\cos(3x - y^2)$$

問 4 次の関数の偏導関数を求めよ.

(1) $z = x^4 - 4x^2y - 3y^4$ (2) $z = \sqrt{x^2 - 2xy^3}$

(3) $z = \dfrac{x^2}{x + y}$ (4) $z = x\cos(x + y^2)$

問題 4.1

1. 次の曲面 $z = f(x, y)$ の概形を描け.

(1) $z = x^2 - y^2$ (2) $z = y^2 - x^3$ (3) $z = \sin y - x$

2. 次の極限を求めよ.

(1) $\displaystyle\lim_{(x,y)\to(0,0)} \frac{xy^2}{x^2 + y^2}$ (2) $\displaystyle\lim_{(x,y)\to(0,0)} \frac{x^2y}{x^4 + y^2}$

3. 次の関数の原点における連続性を調べよ.

(1) $f(x, y) = \dfrac{x^2 + 2y^2}{2x^2 + y^2}$ ただし $f(0, 0) = 0$

(2) $f(x, y) = x\log(x^2 + y^2)$ ただし $f(0, 0) = 0$

4. 次の関数の偏導関数を求めよ.

(1) $z = 2x^3 - 4xy^2 + 3y^5$ (2) $z = \dfrac{x - 2y}{3x + 4y}$

(3) $z = \dfrac{y}{x^2 + y^2}$ (4) $z = \dfrac{1}{\sqrt{x^2 + y^2}}$

(5) $z = \log\sqrt{x^2 + y^2}$ (6) $z = \sin^{-1}(x + y^2)$

(7) $z = e^{xy^2}\sin y$ (8) $z = \tan^{-1}\dfrac{y}{x}$

(9) $z = x^y$ (10) $z = \sin(x + y)\sin(x - y)$

5. 次を示せ.

(1) $z = \dfrac{ax + by}{cx + dy}$ のとき $xz_x + yz_y = 0$

(2) $z = \sqrt{x^2 + y^2}\sin^{-1}\dfrac{y}{x}$ のとき $xz_x + yz_y = z$

4.2 合成関数の偏微分

関数 $f(x, y)$ の点 (a, b) における偏微分係数は，曲面 $z = f(x, y)$ の平面 $y = b$ または平面 $x = a$ による切り口として現れる曲線の微分係数である．しかしこれだけでは関数 $z = f(x, y)$ の点 (a, b) の近くでの変化を十分に知ることはできない．本節では，偏導関数が連続であるという仮定を設けた上で，多変数関数における合成関数の微分法や，曲面の接平面について学ぶ.

合成関数の微分と偏微分　関数 $f(x, y)$ が変数 x, y のどちらに関しても偏微分可能であり，偏導関数 f_x, f_y がともに連続であるとき，C^1 級という.

定理 4.2.1 (合成関数の微分法)

関数 $z = f(x, y)$ が C^1 級で，$x = x(t)$, $y = y(t)$ がともに微分可能であれば，t の1変数関数 $z = f(x(t), y(t))$ も微分可能で，次が成り立つ.

$$\frac{dz}{dt} = \frac{\partial z}{\partial x}\frac{dx}{dt} + \frac{\partial z}{\partial y}\frac{dy}{dt}$$

証明　t の1変数関数 $z = f(x(t), y(t))$ の点 a における微分係数は次の式で与えられる.

$$\left.\frac{dz}{dt}\right|_{t=a} = \lim_{b \to a} \frac{f(x(b), y(b)) - f(x(a), y(a))}{b - a} \tag{4.1}$$

右辺の極限の中の式を，次のように書き換える.

$$\frac{f(x(b), y(b)) - f(x(a), y(b))}{b - a} + \frac{f(x(a), y(b)) - f(x(a), y(a))}{b - a} \tag{4.2}$$

ここで (4.2) の各項の分子に対して，$[x(a),\ x(b)]$ および $[y(a),\ y(b)]$ において平均値の定理を適用すると，次を得る.

$$f(x(b), y(b)) - f(x(a), y(b)) = (x(b) - x(a))f_x(x(c_1), y(b))$$

$$f(x(a), y(b)) - f(x(a), y(a)) = (y(b) - y(a))f_y(x(a), y(c_2))$$

これらを (4.2) に代入すると，(4.1) の右辺はさらに次のように書き換えられる.

$$f_x(x(c_1), y(b)) \cdot \frac{x(b) - x(a)}{b - a} + f_y(x(a), y(c_2)) \cdot \frac{y(b) - y(a)}{b - a}$$

この式において $b \to a$ とすると，$c_1 \to a$, $c_2 \to a$ であり f_x, f_y の連続性と $x(t)$, $y(t)$ の微分可能性からから次を得る.

$$f_x(x(a), y(a)) \cdot x'(a) + f_y(x(a), y(a)) \cdot y'(a)$$

これを d と ∂ を用いて表現すると，証明すべき式となる.

注意　この定理は，**連鎖公式**と呼ばれ，微分は，z から x, y を経由して t につながる 2 通りの経路に対応している (図 4.7).

図 **4.7**　z から t　　　　図 **4.8**　z から u, v

例題 1　$z = f(x, y)$ に対して，$F(t) = f(a + ht, b + kt)$ とおく．このとき，次を示せ．ここで，a, b, h, k は定数である．

$$F'(t) = f_x(a + ht, b + kt)h + f_y(a + ht, b + kt)k$$

解答　$x = a + ht$, $y = b + kt$ に注意すると，

$$\frac{\partial z}{\partial x} = f_x(x, y) = f_x(a + ht, b + kt), \quad \frac{\partial z}{\partial y} = f_y(x, y) = f_y(a + ht, b + kt)$$

$\dfrac{dx}{dt} = h$, $\dfrac{dy}{dt} = k$ より，これらと定理 4.2.1 から結論を得る． ∎

例 1　$z = x^2 - xy$, $x = t^2$, $y = e^t$ のとき，

$$z' = z_x x' + z_y y' = (2x - y)2t + (-x)e^t = (2t^2 - e^t)2t - t^2 e^t$$

$$= 4t^3 - t(t + 2)e^t$$

問 1　定理 4.2.1 を用いて，次の z を t について微分せよ．
(1) $z = x^2 - y$, $x = e^t$, $y = e^{-t}$
(2) $z = e^x \sin y$, $x = t^2$, $y = t - 1$

定理 4.2.2 (合成関数の偏微分)

関数 $z = f(x, y)$ が C^1 級で，$x = x(u, v)$, $y = y(u, v)$ が偏微分可能ならば，u, v の 2 変数関数 $z = f(x(u, v), y(u, v))$ も偏微分可能で，次が成り立つ．

$$\frac{\partial z}{\partial u} = \frac{\partial z}{\partial x} \frac{\partial x}{\partial u} + \frac{\partial z}{\partial y} \frac{\partial y}{\partial u}$$

$$\frac{\partial z}{\partial v} = \frac{\partial z}{\partial x}\frac{\partial x}{\partial v} + \frac{\partial z}{\partial y}\frac{\partial y}{\partial v}$$

証明　合成関数 $z = f(x(u,v), y(u,v))$ は u, v の2変数関数であるが，v を固定した場合，u の1変数関数となる．$x = x(u,v)$, $y = y(u,v)$ も v を固定して u の1変数関数と考える．このとき定理 4.2.1 を用いて次を得る．

$$\frac{dz}{du} = \frac{\partial z}{\partial x}\frac{dx}{du} + \frac{\partial z}{\partial y}\frac{dy}{du}$$

ここで，本来は u, v の2変数関数であるところを，v を固定して上記の式を得ているので，dz, dx, dy を $\partial z, \partial x, \partial y$ に，du を ∂u に戻すことにより，定理の前半の式を得る．v に関する偏微分も同様である．∎

注意　この定理も**連鎖公式**と呼ばれ，偏微分は，z から x, y を経由して u, v につながる各2通りの経路に対応している (図4.8).

次の例題は，直交座標と極座標の関係を表している．

例題 2　$z = f(x,y)$, $x = r\cos\theta$, $y = r\sin\theta$ のとき，次の等式を証明せよ．

$$\left(\frac{\partial z}{\partial x}\right)^2 + \left(\frac{\partial z}{\partial y}\right)^2 = \left(\frac{\partial z}{\partial r}\right)^2 + \frac{1}{r^2}\left(\frac{\partial z}{\partial \theta}\right)^2$$

解答　$x_r = \cos\theta$, $x_\theta = -r\sin\theta$, $y_r = \sin\theta$, $y_\theta = r\cos\theta$ より，

$$z_r = z_x x_r + z_y y_r = z_x \cos\theta + z_y \sin\theta$$

$$z_\theta = z_x x_\theta + x_y y_\theta = r(-z_x \sin\theta + z_y \cos\theta)$$

したがって，

$$\text{右辺} = (z_x \cos\theta + z_y \sin\theta)^2 + (-z_x \sin\theta + z_y \cos\theta)^2$$
$$= (z_x)^2 + (z_y)^2 = \text{左辺}$$

例 2　$z = x^2 - y^2$, $x = 2u + 3v$, $y = u^2 + 3v^2$ のとき，

$$z_u = z_x x_u + z_y y_u = 2x \cdot 2 - 2y \cdot 2u = 4(x - yu)$$

$$z_v = z_x x_v + z_y y_v = 2x \cdot 3 - 2y \cdot 6v = 6(x - 2yv)$$

注意　例2のような問題の場合，解答は x, y を含んでいてもよい．

問 2　定理 4.2.2 を用いて，次の z を u, v について偏微分せよ．
(1) $z = e^{xy}$, $x = u - v$, $y = uv$

(2) $z = \tan^{-1}\dfrac{y}{x}$, $x = -u^2 + v^2$, $y = uv$

全微分可能性と接平面 関数 $f(x, y)$ が偏微分可能であっても，連続関数であるとは限らず，幾何的な状況もわかりづらい．そこで，さらに強い**全微分可能**という概念を導入する．

> **定義 (全微分可能)**
>
> 関数 $f(x, y)$ が点 (a, b) の付近で下記のように表されるとする．
> $$f(a + h, b + k) = f(a, b) + Ah + Bk + o(\sqrt{h^2 + k^2})$$
> このとき，$f(x, y)$ は点 (a, b) において全微分可能という．ここで，A, B は定数であり，$o(\sqrt{h^2 + k^2})$ はランダウの記号である．

上記の定義は，$f(x, y)$ が点 (a, b) の付近において 1 次式で近似できることを意味している．またこの定義式において，$k = 0$ または $h = 0$ とすると，偏微分可能であることが示される．さらに次の関係がある．

> **定理 4.2.3**
>
> 関数 $f(x, y)$ が C^1 級であれば全微分可能であり，次が成り立つ．
> $$A = f_x(a, b) \qquad B = f_y(a, b)$$

証明 $F(t) = f(a + th, b + tk)$ $(0 \leqq t \leqq 1)$ とおくと，定理 4.2.1 より $F(t)$ は微分可能な関数である．そこで，$[0, 1]$ において平均値の定理を適用すると，

$$F(1) - F(0) = F'(\theta)$$

となる $0 < \theta < 1$ が存在する．このとき例題 1 より，次を得る．

$$f(a + h, b + k) - f(a, b) = f_x(a + \theta h, b + \theta k)h + f_y(a + \theta h, b + \theta k)k$$

この両辺から $f_x(a, b)h + f_y(a, b)k$ を引くと，

$$f(a + h, b + k) - f(a, b) - f_x(a, b)h - f_y(a, b)k$$
$$= f_x(a + \theta h, b + \theta k)h - f_x(a, b)h + f_y(a + \theta h, b + \theta k)k - f_y(a, b)k$$

右辺を $\sqrt{h^2 + k^2}$ で割って $(h, k) \to (0, 0)$ とすると，f_x, f_y の連続性と

$$\frac{|h|}{\sqrt{h^2 + k^2}} \leqq 1 \quad \text{および} \quad \frac{|k|}{\sqrt{h^2 + k^2}} \leqq 1 \quad \text{から}$$

$$\frac{(f_x(a+\theta h, b+\theta k) - f_x(a,b))h}{\sqrt{h^2+k^2}} + \frac{(f_y(a+\theta h, b+\theta k) - f_y(a,b))k}{\sqrt{h^2+k^2}} \to 0$$

したがって，次が成り立ち，定理の結論を得る．

$$f(a+h, b+k) - f(a,b) - f_x(a,b)h - f_y(a,b)k = o(\sqrt{h^2+k^2})$$ ▮

定理 4.2.3 より，2 変数関数が C^1 級ならば全微分可能であり，偏微分係数を用いて 1 次式により近似されることが示された．そこで，その 1 次式を用いて曲面 $z = f(x,y)$ の**接平面**を次のように定める．

定義 (接平面)

C^1 級の関数 $f(x,y)$ に対して，次の 1 次方程式で定められる平面を，曲面 $z = f(x,y)$ 上の点 (a,b,c) における**接平面**という (図 4.9).

$$z = f_x(a,b)(x-a) + f_y(a,b)(y-b) + c$$

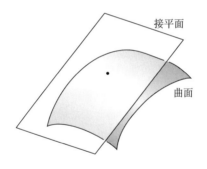

図 4.9 接平面

例 3 曲面 $z = x^2 - y^2$ 上の点 $(2,1,3)$ における接平面の方程式を求める．

$z_x = 2x = 4$, $z_y = -2y = -2$ より，$z = 4(x-2) - 2(y-1) + 3$

したがって，求める接平面は $4x - 2y - z - 3 = 0$ である． ▮

一般に，x, y, z の 1 次方程式 $ax + by + cz + d = 0$ は 3 次元空間内の平面を表す．したがって，$a = f_x$, $b = f_y$, $c = -1$ として曲面上の点を代入し，d を求めてもよい．

問 3 次の曲面の，与えられた点における接平面の方程式を求めよ．
(1) $z = x^2 + 2y^2$ $(1, 1, 3)$ (2) $z = \sqrt{9 - x^2 - y^2}$ $(1, 2, 2)$

$f(x, y)$ がある点で偏微分可能であっても，接平面が定義されるとは限らない．そのため，接平面が定義されるためには，全微分可能であることが必要となる．

注意 3 次元座標空間における直線や平面の方程式に関しては，『基礎線形代数：森元勘治・松本茂樹 (学術図書出版社)』第 4 章に詳しく記載されている．

問題 4.2

1. 次の z を t について微分せよ．

(1) $z = y^2 - x$, $x = at^2$, $y = 3at$

(2) $z = x^2 + y^2$, $x = \cos t$, $y = 3 \sin t$

(3) $z = e^{x^2 y}$, $x = \cos t$, $y = t^2$

(4) $z = \sin x \cos y$, $x = e^t$, $y = \log t$

(5) $z = \tan^{-1} xy$, $x = e^t + e^{-t}$, $y = e^{2t}$

2. 次の z を u, v について偏微分せよ．

(1) $z = xy^2 + x^2 y$, $x = u - v$, $y = u + v$

(2) $z = \sin(x^2 + y^2)$, $x = u - v$, $y = uv$

(3) $z = \log \sqrt{x^2 + y^2}$, $x = e^u \cos v$, $y = e^u \sin v$

(4) $z = (x + y)^2$, $x = \sin \dfrac{v}{u}$, $y = \cos \dfrac{v}{u}$

3. 次の曲面の，与えられた点における接平面の方程式を求めよ．

(1) $z = 3x^2 y + xy$ $(1, -1, -4)$ (2) $z = \dfrac{x}{x + y}$ $(2, -1, 2)$

(3) $z = \dfrac{x^2}{4} + \dfrac{y^2}{9}$ $(2, -3, 2)$ (4) $z = \tan^{-1} \dfrac{y}{x}$ $\left(1, 1, \dfrac{\pi}{4}\right)$

4. $x = u \cos \alpha - v \sin \alpha$, $y = u \sin \alpha + v \cos \alpha$ (α : 定数) とするとき，$z = f(x, y)$ について，次の等式を示せ．

$$z_x^{\,2} + z_y^{\,2} = z_u^{\,2} + z_v^{\,2}$$

5. $z = f(x, y)$, $u = x + y$, $v = x - y$ とするとき，以下の問いに答えよ.

(1) x, y を u, v で表せ.

(2) z_u, z_v を z_x, z_y で表せ.

(3) z が u の 1 変数関数となるための必要十分条件は $z_x = z_y$ であることを示せ.

6. 次の関数について以下の問いに答えよ.

$$f(x, y) = \frac{xy}{x^2 + y^2} \quad \text{ただし } f(0, 0) = 0$$

(1) $f(x, y)$ は原点 $(0, 0)$ で不連続であること示せ.

(2) $(x, y) \neq (0, 0)$ のとき，$f_x(x, y)$, $f_y(x, y)$ を求めよ.

(3) $f_x(0, 0)$, $f_y(0, 0)$ を求めよ.

(4) $f_x(x, y)$, $f_y(x, y)$ は原点 $(0, 0)$ で不連続であること示せ.

4.3 高次偏導関数とテイラーの定理

2.2 節において，1 変数関数の定義区間における平均変化率が，区間内のある点における微分係数に一致するという平均値の定理を示した．2 変数関数においても同様の定理が成り立つ．

> **定理 4.3.1** (平均値の定理)
>
> 関数 $z = f(x,y)$ がある領域 D で C^1 級であり，領域内の 2 点 (a,b) と $(a+h, b+k)$ を結ぶ線分が領域に含まれるならば，次の等式を満たす θ $(0 < \theta < 1)$ が存在する．
>
> $$f(a+h, b+k) = f(a,b) + f_x(a+\theta h, b+\theta k)h + f_y(a+\theta h, b+\theta k)k$$

証明 $F(t) = f(a+th, b+tk)$ とおくと仮定から $F(t)$ は区間 $[0,1]$ で微分可能であり，1 変数の平均値の定理を適用すると，次が成り立つ．

$$F(1) = F(0) + F'(\theta) \quad (0 < \theta < 1)$$

また，4.2 節の例題 1 から次が成り立つ．

$$F'(t) = f_x(a+th, b+tk)h + f_y(a+th, b+tk)k$$

$F(1)$, $F(0)$, $F'(\theta)$ を f, f_x, f_y を用いて書き換えることにより，定理の等式を得る．∎

高次偏導関数 関数 $z = f(x,y)$ の x に関する偏導関数 z_x が，さらに x に関して偏微分可能であるとき，その偏導関数を以下のように書き表す．

$$z_{xx}, \quad f_{xx}, \quad \frac{\partial^2 f}{\partial x^2}, \quad \frac{\partial^2 z}{\partial x^2}$$

z_x が y に関して偏微分可能であるときは，その偏導関数を以下のように書き表す．

$$z_{xy}, \quad f_{xy}, \quad \frac{\partial^2 f}{\partial y \partial x}, \quad \frac{\partial^2 z}{\partial y \partial x}$$

z_y を x または y に関して偏微分した場合も以下のとおり同様である．

$$z_{yx}, \quad f_{yx}, \quad \frac{\partial^2 f}{\partial x \partial y}, \quad \frac{\partial^2 z}{\partial x \partial y}, \qquad z_{yy}, \quad f_{yy}, \quad \frac{\partial^2 f}{\partial y^2}, \quad \frac{\partial^2 z}{\partial y^2}$$

これらを $f(x,y)$ の **2 次偏導関数**または **2 階偏導関数**という．f_{xy} と f_{yx} は，偏微分の順序が異なるので別物ではあるが，次が成り立つ．ここでは証明は省略するが，5.1 節で重積分を用いた方法で示す (定理 5.1.3)．

定理 4.3.2
2 次の偏導関数 f_{xy} と f_{yx} がともに連続であれば両者は一致する．

問 1 次の関数について，z_{xy} と z_{yx} を計算し，両者が一致することを確かめよ．
(1) $z = \dfrac{x}{x+y}$　　(2) $z = \tan^{-1} \dfrac{y}{x}$

一般に自然数 n に対して，n 階偏導関数も同様に定義される．2 階以上の偏導関数を**高次偏導関数**または**高階偏導関数**と呼ぶ．関数 $f(x,y)$ の n 階までの偏導関数がすべて存在して連続であるとき，$f(x,y)$ は **n 回連続偏微分可能**または，**C^n 級**という．任意の n に対して C^n 級であるとき，**無限回偏微分可能**であるといい，**C^∞ 級**という．C^n 級であれば，変数 x, y に関して偏微分を行う順序によらず，n 回の偏導関数は x, y のそれぞれについて偏微分を行った回数のみによって決まる．

例 1 C^3 級の関数 $f(x,y)$ について，定理 4.3.2 より $f_{yxx} = f_{xyx} = f_{xxy}$ が成り立つ．

テイラーの定理　1 変数関数において平均値の定理をテイラーの定理に拡張したように，2 変数関数においても同様の一般化を行う．そのために関数 $f(x,y)$ の偏微分を簡潔に表す必要があり，下記のような記号を導入する．

$$\left(h\frac{\partial}{\partial x} + k\frac{\partial}{\partial y} \right) f = h\frac{\partial f}{\partial x} + k\frac{\partial f}{\partial y}$$

$$\left(h\frac{\partial}{\partial x} + k\frac{\partial}{\partial y} \right)^2 f = h^2 \frac{\partial^2 f}{\partial x^2} + 2hk\frac{\partial^2 f}{\partial x \partial y} + k^2 \frac{\partial^2 f}{\partial y^2}$$

一般に，n 次の偏微分に対して，二項係数を用いて次のように定める．

$$\left(h\frac{\partial}{\partial x} + k\frac{\partial}{\partial y} \right)^n f = \sum_{r=0}^{n} {}_n\mathrm{C}_r \, h^r k^{n-r} \frac{\partial^n f}{\partial x^r \partial y^{n-r}}$$

すなわち，n 次の偏微分 $\left(h\dfrac{\partial}{\partial x} + k\dfrac{\partial}{\partial y}\right)^n$ は関数 $f(x,y)$ に対して，等式の右辺の偏導関数を計算するための操作を表す記号であり，**偏微分作用素**と呼ばれる．この表記法のもとに，次を得る．

定理 4.3.3 (テイラーの定理)

関数 $z = f(x,y)$ がある領域 D で C^n 級であり，領域内の 2 点 (a,b) と $(a+h, b+k)$ を結ぶ線分が領域に含まれるならば，次の等式を満たす $\theta\ (0 < \theta < 1)$ が存在する．

$$f(a+h, b+k) = f(a,b) + \left(h\frac{\partial}{\partial x} + k\frac{\partial}{\partial y}\right) f(a,b)$$

$$+ \frac{1}{2!}\left(h\frac{\partial}{\partial x} + k\frac{\partial}{\partial y}\right)^2 f(a,b) + \cdots$$

$$\cdots + \frac{1}{(n-1)!}\left(h\frac{\partial}{\partial x} + k\frac{\partial}{\partial y}\right)^{n-1} f(a,b) + R_n$$

$$\text{ただし}\quad R_n = \frac{1}{n!}\left(h\frac{\partial}{\partial x} + k\frac{\partial}{\partial y}\right)^n f(a+\theta h, b+\theta k)$$

証明　$F(t) = f(a+th, b+tk)$ とおくと仮定から $F(t)$ は区間 $[0,1]$ で C^n 級である．そこで，$F(t)$ に定理 2.4.3 (マクローリンの定理) を適用すると，次を得る．

$$F(t) = F(0) + F'(0)t + \frac{1}{2!}F''(0)t^2 + \cdots + \frac{1}{(n-1)!}F^{(n-1)}(0)t^{n-1} + R_n$$

$t = 1$ を代入すると，

$$F(1) = F(0) + F'(0) + \frac{1}{2!}F''(0) + \cdots + \frac{1}{(n-1)!}F^{(n-1)}(0) + R_n$$

ここで，定理 4.2.1 を用い，4.2 節の例題 1 と同様に，以下を得る．

$$F(1) = f(a+h, b+k)$$

$$F(0) = f(a,b)$$

$$F'(0) = hf_x(a,b) + kf_y(a,b)$$

$$F''(0) = h^2 f_{xx}(a,b) + 2hk f_{xy}(a,b) + k^2 f_{yy}(a,b)$$

$$\cdots$$

これらを代入して，定理の結論を得る．

問 2 定理 4.3.3 の $n = 2$ の場合を記述し，R_2 以外の部分が全微分可能性の定義式と一致することを確認せよ．

定理 4.3.3 において，$a = b = 0$ とし，$h = x$，$k = y$ とおくと，次のマクローリンの定理を得る．

定理 4.3.4 (マクローリンの定理)

関数 $z = f(x, y)$ が原点 $(0, 0)$ と点 (x, y) を結ぶ線分を含む領域で C^n 級ならば，次の等式を満たす θ $(0 < \theta < 1)$ が存在する．

$$f(x, y) = f(0, 0) + \left(x \frac{\partial}{\partial x} + y \frac{\partial}{\partial y} \right) f(0, 0)$$

$$+ \frac{1}{2!} \left(x \frac{\partial}{\partial x} + y \frac{\partial}{\partial y} \right)^2 f(0, 0) + \cdots$$

$$\cdots + \frac{1}{(n-1)!} \left(x \frac{\partial}{\partial x} + y \frac{\partial}{\partial y} \right)^{n-1} f(0, 0) + R_n$$

ただし $\quad R_n = \frac{1}{n!} \left(x \frac{\partial}{\partial x} + y \frac{\partial}{\partial y} \right)^n f(\theta x, \theta y)$

例題 1 $f(x, y) = e^x \cos 2y$ に対して，$n = 2$ としてマクローリンの定理を適用せよ．

解答 $n = 2$ の場合，マクローリンの定理は以下となる．

$$f(x, y) = f(0, 0) + x f_x(0, 0) + y f_y(0, 0)$$

$$+ \frac{1}{2} (x^2 f_{xx}(\theta x, \theta y) + 2xy f_{xy}(\theta x, \theta y) + y^2 f_{yy}(\theta x, \theta y))$$

ここで，$f_x = e^x \cos 2y$，$f_y = -2e^x \sin 2y$

$\qquad f_{xx} = e^x \cos 2y$，$f_{xy} = -2e^x \sin 2y$，$f_{yy} = -4e^x \cos 2y$

より，これらを代入して，次を得る．

$$e^x \cos 2y = 1 + x + \frac{1}{2} (x^2 e^{\theta x} \cos 2\theta y - 4xy e^{\theta x} \sin 2\theta y - 4y^2 e^{\theta x} \cos 2\theta y)$$

$$= 1 + x + \frac{e^{\theta x}}{2} ((x^2 - 4y^2) \cos 2\theta y - 4xy \sin 2\theta y)$$

1 変数関数のときと同様にテイラーの定理およびマクローリンの定理において，無限に和を続けることができる場合，そのような表現を，**テイラー展開**お

よび**マクローリン展開**という.

系 4.3.5 (マクローリン展開)

$f(x, y)$ が C^∞ 級で $\lim_{n \to \infty} R_n = 0$ のとき，次が成り立つ.

$$f(x, y) = f(0, 0) + \left(x \frac{\partial}{\partial x} + y \frac{\partial}{\partial y} \right) f(0, 0)$$

$$+ \frac{1}{2!} \left(x \frac{\partial}{\partial x} + y \frac{\partial}{\partial y} \right)^2 f(0, 0) + \cdots$$

$$\cdots + \frac{1}{n!} \left(x \frac{\partial}{\partial x} + y \frac{\partial}{\partial y} \right)^n f(0, 0) + \cdots$$

例題 2 $f(x, y) = \sin(x + 2y)$ に対して，マクローリン展開を 3 次の項まで求めよ.

解答 マクローリン展開の 3 次の項までは以下となる.

$$f(x, y) = f(0, 0) + (x f_x(0, 0) + y f_y(0, 0))$$

$$+ \frac{1}{2!} (x^2 f_{xx}(0, 0) + 2xy f_{xy}(0, 0) + y^2 f_{yy}(0, 0))$$

$$+ \frac{1}{3!} (x^3 f_{xxx}(0, 0) + 3x^2 y f_{xxy}(0, 0) + 3xy^2 f_{xyy}(0, 0) + y^3 f_{yyy}(0, 0))$$

$$+ \cdots$$

また，各偏微分は以下となる.

$$f_x = \cos(x + 2y), \quad f_y = 2\cos(x + 2y)$$

$$f_{xx} = -\sin(x + 2y), \quad f_{xy} = -2\sin(x + 2y), \quad f_{yy} = -4\sin(x + 2y)$$

$$f_{xxx} = -\cos(x + 2y), \quad f_{xxy} = -2\cos(x + 2y)$$

$$f_{xyy} = -4\cos(x + 2y), \quad f_{yyy} = -8\cos(x + 2y)$$

これらの計算結果と $\cos 0 = 1$, $\sin 0 = 0$ より，次を得る.

$$\sin(x + 2y) = x + 2y - \frac{1}{6}(x + 2y)^3 + \cdots$$

問 3 $f(x, y) = e^x \sin y$ に対して，マクローリン展開を 3 次の項まで求めよ.

問題 4.3

1. 次の関数に対して，マクローリン展開を 2 次の項まで求めよ．

   (1) $z = \dfrac{1+x}{1-y}$　　(2) $z = \dfrac{1-y}{1+\sin x}$　　(3) $z = \tan^{-1}\dfrac{x}{1+y}$

2. 次の関数に対して，マクローリン展開を 3 次の項まで求めよ．

   (1) $z = e^{x-2y}$　　(2) $z = \dfrac{1}{1+x+y}$　　(3) $z = \cos x \log(1+y)$

3. 偏微分作用素 $\Delta = \dfrac{\partial^2}{\partial x^2} + \dfrac{\partial^2}{\partial y^2}$ をラプラシアンという．すなわち，ラプラシアン Δ の関数への作用は次の式で定義される．

$$\Delta f(x,y) = \left(\frac{\partial^2}{\partial x^2} + \frac{\partial^2}{\partial y^2}\right) f(x,y) = f_{xx}(x,y) + f_{yy}(x,y)$$

このとき，次の関数にラプラシアン Δ を作用させよ．

   (1) $z = x^3 + xy + y^3$　　(2) $z = \dfrac{x}{x+y}$

   (3) $z = \log\left(x^2 + y^2\right)$　　(4) $z = \tan^{-1}\dfrac{y}{x}$

4. $z = f(x,y),\ x = r\cos\theta,\ y = r\sin\theta$ のとき，次の等式を証明せよ．

$$z_{xx} + z_{yy} = z_{rr} + \frac{1}{r}z_r + \frac{1}{r^2}z_{\theta\theta}$$

ヒント：右辺から左辺を導く．

5. $z = f(x,y)$ であり，x, y が u, v の関数で

$$x = e^u \cos v, \quad y = e^u \sin v$$

と表されるとき，次の等式を証明せよ．

$$z_{xx} + z_{yy} = e^{-2u}(z_{uu} + z_{vv})$$

ヒント：右辺から左辺を導く．

4.4　極値の判定

極値の定義　関数 $f(x,y)$ が点 (a,b) で**極大**であるとは，点 (a,b) に十分近いすべての点 $(x,y) \neq (a,b)$ で $f(x,y) < f(a,b)$ が成り立つことをいう．このとき，$f(a,b)$ を**極大値**という．不等号の向きを逆にすることにより，**極小**および**極小値**も同様に定義される．極大値と極小値をあわせて**極値**という．

図 **4.10**　極大・極小

例 1　$z = x^2 + y^2$ は原点 $(0,0)$ で極小であり，$z = -x^2 - y^2$ は原点 $(0,0)$ で極大である．

定理 2.2.1 と同様に次が成り立つ．

命題 4.4.1

偏微分可能な関数 $f(x,y)$ が点 (a,b) で極値をとるならば，$f_x(a,b) = f_y(a,b) = 0$ である．

証明　点 (a,b) で極大とする．このとき，$f(a+h, b+k) - f(a,b) < 0$ である．点 (a,b) で，x に関する右側偏微分係数および左側偏微分係数を考えると，

$$\text{右側偏微分係数}: \lim_{h \to +0} \frac{f(a+h, b) - f(a,b)}{h} \leqq 0$$

$$\text{左側偏微分係数}: \lim_{h \to -0} \frac{f(a+h, b) - f(a,b)}{h} \geqq 0$$

より，$f_x(a,b) = 0$ である．極小の場合も不等号の向きが逆になるが，同様に $f_x(a,b) = 0$ である．さらに，y に関する偏微分係数についても同様である．

例 2　(1) $z = x^2 + y^2$ は $f_x(0,0) = f_y(0,0) = 0$ であり，原点で極小である．

(2) $z = x^2 - y^2$ は $f_x(0,0) = f_y(0,0) = 0$ であるが，原点で極値をとらな

い.

問 1 定数 a に対して，$f(x,y) = x^2 + ay^2$ とする．$f_x(0,0) = f_y(0,0) = 0$ を示し，$f(x,y)$ が点 $(0,0)$ で極小であるための定数 a の条件を求めよ．

ヘッセ行列式による極値の判定　命題 4.4.1 と例 2 および問 1 が示すように，偏微分係数が 0 であることは，極値であることの必要条件であるが，十分条件ではない．定理 2.3.3 において，1 変数関数が極値であるための十分条件を 2 階微分を用いて示した．本節では，2 階偏微分を用いて同様の十分条件を示す．

C^2 級の関数 $f(x,y)$ に対して，成分が 2 次の偏導関数 f_{xx}，f_{xy}，f_{yx}，f_{yy} である次の行列

$$H(f(x,y)) = \begin{bmatrix} f_{xx} & f_{xy} \\ f_{yx} & f_{yy} \end{bmatrix}$$

を $f(x,y)$ の**ヘッセ行列**という．また，その行列式

$$\Delta(f(x,y)) = f_{xx}f_{yy} - f_{xy}{}^2$$

を $f(x,y)$ の**ヘッセ行列式**という．ここで，$f_{xy} = f_{yx}$ を用いた．このとき，極値の判定について次が成り立つ．

定理 4.4.2 (極値の判定)

$f(x,y)$ が C^2 級で，$f_x(a,b) = f_y(a,b) = 0$ とする．

$$A = f_{xx}(a,b), \quad B = f_{xy}(a,b) = f_{yx}(a,b), \quad C = f_{yy}(a,b)$$

とおき，$f(x,y)$ のヘッセ行列式を $\Delta = AC - B^2$ とおく．

(1) $\Delta > 0$ のとき．

　(i) $A > 0$ ならば，$f(x,y)$ は点 (a,b) で極小である．

　(ii) $A < 0$ ばらば，$f(x,y)$ は点 (a,b) で極大である．

(2) $\Delta < 0$ のとき，$f(x,y)$ は点 (a,b) で極値ではない．

注意　$\Delta = 0$ のときはこの方法では判定できない．

証明　点 (a,b) において，テイラーの定理 (定理 4.3.3) の $n = 2$ の場合を書くと，下記となる．

$$f(a + h, b + k) = f(a,b) + f_x(a,b)h + f_y(a,b)k$$

$$+ \frac{1}{2}\left(h^2 f_{xx}(a+\theta h, b+\theta k) + 2hk f_{xy}(a+\theta h, b+\theta k) + k^2 f_{yy}(a+\theta h, b+\theta k)\right)$$

ここで, $f_{xx}(a+\theta h, b+\theta k) = A'$, $f_{xy}(a+\theta h, b+\theta k) = B'$, $f_{yy}(a+\theta h, b+\theta k) = C'$ とおくと, $f_x(a,b) = f_y(a,b) = 0$ より上記の式は下記となる.

$$f(a+h, b+k) - f(a,b) = \frac{1}{2}(h^2 A' + 2hk B' + k^2 C')$$

この式より, $f(a+h, b+k) - f(a,b)$ の符号は (h,k) の 2 次式

$$h^2 A' + 2hk B' + k^2 C' \tag{4.3}$$

で決まる. さらに, f_{xx}, f_{xy}, f_{yy} の連続性より, h,k が小さい場合, A と A', B と B', C と C' の符号, および $\Delta = AC - B^2$ と $A'C' - B'^2$ の符号は一致するとしてよい. 以上の準備の下に, 定理を示す.

(1) $\Delta = AC - B^2 > 0$ のとき. $A \neq 0$ より $A' \neq 0$ であり, (4.3) を下記のように変形する.

$$h^2 A' + 2hk B' + k^2 C' = A'\left(\left(h + \frac{B'}{A'}k\right)^2 + \frac{k^2}{A'^2}\left(A'C' - B'^2\right)\right)$$

$A'C' - B'^2 > 0$ としてよいので, この式の符号は A' の符号で決まる.

(i) $A > 0$ ならば $A' > 0$ より, $f(a+h, b+k) > f(a,b)$ となり,
　　$f(x,y)$ は (a,b) で極小である.

(ii) $A < 0$ ならば $A' < 0$ より, $f(a+h, b+k) < f(a,b)$ となり,
　　$f(x,y)$ は (a,b) で極大である.

(2) $\Delta = AC - B^2 < 0$ のとき.

$A \neq 0$ のとき, $A' \neq 0$ であり, (4.3) を h の 2 次式とみた場合の判別式は $(B'^2 - A'C')k^2 > 0$ $(k \neq 0)$. $C \neq 0$ のとき, $C' \neq 0$ であり, k の 2 次式と見た場合の判別式は $(B'^2 - A'C')h^2 > 0$ $(h \neq 0)$. いずれの場合も判別式は正となり, (4.3) $= 0$ とおいた 2 次方程式は, 異なる 2 実解をもつ. その解の前後で符号が変わるため, $(h,k) \neq (0,0)$ のとり方によって, この 2 次式は正と負の両方の値をとることができる. また, $A' = C' = 0$ の場合は $k = \pm h$ とおくことにより, (4.3) は正と負の両方の値を取ることができる. したがって, (a,b) の付近で (4.3) の符号が一定にならず, 極値をとらない.

注意　上記定理 (2) の場合, 点 (a,b) は関数 $f(x,y)$ の**鞍点 (あんてん)** と呼ばれる. $f(x,y) = x^2 - y^2$ の原点付近における状況が典型的な例である.

例題 1　$f(x,y) = x^3 - 3xy + y^3$ の極値を求めよ.

解答 $f_x = 3x^2 - 3y,\ f_y = 3y^2 - 3x$ である.

命題 4.4.1 より極値をとるならば $f_x = f_y = 0$ である. したがって, 次の連立方程式が成り立つ.

$$\begin{cases} x^2 - y = 0 \\ y^2 - x = 0 \end{cases}$$

y を消去すると $x(x^3 - 1) = 0$ となり, $x = 0, 1$ を得る. このとき, $y = 0, 1$ であり, 極値をとる候補は次の2点となる.

$$(x, y) = (0, 0),\ (1, 1)$$

ここで,

$$f_{xx} = 6x, \quad f_{xy} = -3, \quad f_{yy} = 6y$$

より, 各候補点に対してヘッセ行列式を求め極値の判定を行う.

(1) $(x, y) = (0, 0)$ のとき. $f_{xx} = 0,\ f_{xy} = -3,\ f_{yy} = 0$.
$\Delta = AC - B^2 = -9 < 0$ より, 極値ではない.

(2) $(x, y) = (1, 1)$ のとき. $f_{xx} = 6,\ f_{xy} = -3,\ f_{yy} = 6$.
$\Delta = AC - B^2 = 27 > 0$ であり $A > 0$ より極小である.
このとき $f(1, 1) = 1 - 3 + 1 = -1$.

したがって, $f(x, y)$ は点 $(1, 1)$ で極小値 -1 をとる. ∎

問 2 次の関数の極値を求めよ.
(1) $f(x, y) = x^2 + xy + y^2 - 4x - 2y$ (2) $f(x, y) = x^2 - 2xy - 3y^2$

例題 2 $f(x, y) = -x^3 + y^2$ は 原点において極値をとるかどうかを判定せよ.

解答 $f_x = -3x^2,\ f_y = 2y$ より, $f_{xx} = -6x,\ f_{xy} = 0,\ f_{yy} = 2$. したがって $\Delta = 0$ となり, 定理 4.4.2 では極値かどうかを判定できない. しかし, $y = 0$ とすると $z = -x^3$ となって, 原点の付近で正にも負にもなる. したがって, 極値ではない. 実際に曲面を描いてみると, 曲線 $z = -x^3$ に沿って曲線 $z = y^2$ が動いた曲面となり, 原点付近で滑り台のような斜面となるので極値ではないことがわかる (図 4.11). ∎

問 3 次の関数は原点において $\Delta = 0$ であることを確認し, 曲面の概形を描くことにより, 極値をとるかどうかを判定せよ.
(1) $f(x, y) = x^2 + y^3$ (2) $f(x, y) = x^4 + y^2$

例題 3 $f(x, y) = 3x^4 - 4x^2y + y^2$ は原点で極値をとらないことを示せ. また, 曲面 $z = f(x, y)$ を z 軸に平行な平面 $y = kx$ で切った切り口の曲線は, 原点で極小であることを示せ.

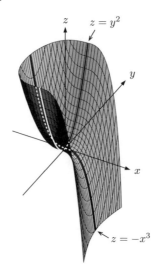

図 4.11 $f(x,y) = -x^3 + y^2$

解答 与式は $f(x,y) = (x^2 - y)(3x^2 - y)$ と因数分解できる．曲線 $y = 2x^2$ および $y = 4x^2$ 上の点 (x,y) において，関数の値はそれぞれ以下となる．

$$f(x,y) = (x^2 - 2x^2)(3x^2 - 2x^2) = -x^4 < 0$$
$$f(x,y) = (x^2 - 4x^2)(3x^2 - 4x^2) = 3x^4 > 0$$

したがって，原点のいくら近くでも正にも負にもなるので，原点で極値ではない．

次に，直線 $y = kx$ 上で関数は，x の 1 変数関数として以下となる．

$$f(x,y) = (x^2 - kx)(3x^2 - kx)$$
$$= x^2(x - k)(3x - k)$$

これは直線 $y = kx$ と 3 点 $x = 0$, k, $\dfrac{k}{3}$ で交わり，そのグラフは図 4.12 に描かれた状況となる．このグラフより，直線 $y = kx$ 上では $x = 0$ で極小であることがわかる．

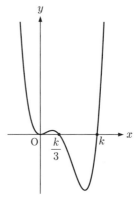

図 4.12 $f = x^2(x - k)(3x - k)$

この例題は，原点を通るすべての直線上で原点において極値であっても，2変数関数としては極値とは限らないという例を示している．

問題 4.4

1. 次の関数の極値を求めよ．

(1) $f(x, y) = -2x^2 - xy - y^2 + 2x - 3y$

(2) $f(x, y) = x^3 + 2xy - x - 2y$

(3) $f(x, y) = x^2 - xy + y^2 + 2x - y$

(4) $f(x, y) = x^3 + y^2 + 2xy + y$

(5) $f(x, y) = x^4 + y^2 + 2x^2 - 4xy$

(6) $f(x, y) = x^2 + xy + 2y^2 - 4y$

2. 次の関数の極値を求めよ．

(1) $f(x, y) = (x - y)^2 - \left(x^4 + y^4\right)$

(2) $f(x, y) = x^4 + y^4 - 2(x - y)^2$

ヒント：$\Delta = 0$ のときは，直線 $y = x$ および $y = 0$ を考えよ．

3. 次の関数の極値を求めよ．

(1) $f(x, y) = e^{-x-y}(xy - 2)$

(2) $f(x, y) = e^{-x^2-y^2}(x + y)$

(3) $f(x, y) = xye^{-x^2-y^2}$

4.5 陰関数定理

1.2 節で述べたように，独立変数 x に対して従属変数 y がただ1つ決まる関係を関数という．$x^2 + y^2 - 1 = 0$ は原点を中心とする半径1の円を表すが，この意味で関数のグラフではない．しかし，$(1,0)$ と $(-1,0)$ を除くと，それぞれ $y = \sqrt{1-x^2}$ または $y = -\sqrt{1-x^2}$ と表現することができ，部分的には関数のグラフとなる (図4.13)．次に述べる**陰関数定理**は，この事実を一般化し，方程式 $f(x,y) = 0$ で表される x と y の関係は，ある条件の下に，局所的に $y = \varphi(x)$ と表されることを示している．証明は省略する．

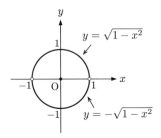

図 4.13 $x^2 + y^2 = 1$ と陰関数

定理 4.5.1 (陰関数定理)

$f(x,y)$ を C^1 級とし，点 (a,b) が次の2つの条件を満たすとする．

$$f(a,b) = 0, \qquad f_y(a,b) \neq 0$$

このとき，$f(x,y) = 0$ は点 (a,b) の近傍で $y = \varphi(x)$ という関数として一意に表現することができる．しかも，$\varphi(x)$ は C^1 級であり，

$$\varphi'(x) = -\frac{f_x(x,y)}{f_y(x,y)}$$

が成り立つ．この関数 $\varphi(x)$ を，$f(x,y) = 0$ の**陰関数**という．

この定理のように，$f(x,y)$ の式から，$\varphi'(x)$ を直接求める方法を**陰関数の微分法**という．

例題 1 $x^2 + y^2 = 1$ で定義される陰関数の導関数を，陰関数の微分法により

求めよ. また, $y = \sqrt{1-x^2}$ の右辺を微分した式と比較せよ.

解答　$x^2 + y^2 = 1$ の両辺を x で微分する. 定理 4.5.1 より y を x の関数とすると, $2x + 2yy' = 0$. これより, $y' = -\dfrac{x}{y}$.

一方, $y' = \left(\sqrt{1-x^2}\right)' = \dfrac{-2x}{2\sqrt{1-x^2}} = \dfrac{-x}{\sqrt{1-x^2}} = -\dfrac{x}{y}$. したがって, 両者は一致する.

例題 2　$f(x,y) = x^3 + 2xy - y^2 + x + 1$ とする. 曲線 $f(x,y) = 0$ 上の点 $(1, -1)$ における接線の方程式を求めよ.

解答　$f_x(x,y) = 3x^2 + 2y + 1$, $f_y(x,y) = 2x - 2y$ であり $f_x(1,-1) = 2$, $f_y(1,-1) = 4 \neq 0$ より, $f(x,y) = 0$ は点 $(1,-1)$ の近くで $y = \varphi(x)$ の形の陰関数をもつ. その微分係数は, $\varphi'(1) = -\dfrac{f_x(1,-1)}{f_y(1,-1)} = -\dfrac{1}{2}$ であり, 求める接線の方程式は $y = -\dfrac{1}{2}x - \dfrac{1}{2}$ である (図 4.14).

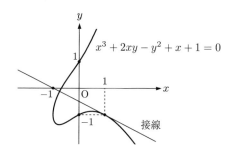

図 4.14　陰関数の接線

問 1　曲線 $y^8 - 2x^3y^3 + 1 = 0$ 上の点 $(1,1)$ における接線の方程式を求めよ.

定理 4.5.2 (陰関数の接線)

$f(x,y)$ を C^1 級とし, $f(a,b) = 0$ とする. このとき, 曲線 $f(x,y) = 0$ 上の点 (a,b) における接線の方程式は, 次式で与えられる.

$$f_x(a,b)(x-a) + f_y(a,b)(y-b) = 0$$

ただし, $f_x(a,b) = f_y(a,b) = 0$ のときは除外する.

証明　はじめに $f_y(a,b) \neq 0$ とする. 陰関数定理より陰関数 $y = \varphi(x)$ が存在し, a における微分係数は以下となる.

$$\varphi'(a) = -\frac{f_x(a,b)}{f_y(a,b)}$$

したがって接線の方程式は,

$$y - b = -\frac{f_x(a,b)}{f_y(a,b)}(x - a)$$

となり, 分母を払うと求める方程式を得る. 次に $f_x(a,b) \neq 0$ のときは, x と y の立場を入れ替えることにより, やはり求める方程式を得る.

問 2　定理 4.5.2 を用いて, 円周 $x^2 + y^2 = 1$ 上の点 (p,q) における接線の方程式は, $px + qy = 1$ であることを示せ. さらに, 楕円 $\dfrac{x^2}{a^2} + \dfrac{y^2}{b^2} = 1$ 上の点 (p,q) における接線の方程式を求めよ.

定理 4.5.3 (陰関数の 2 次導関数)

$f(x,y)$ を C^2 級とし, $f(a,b) = 0$, $f_y(a,b) \neq 0$ とする. このとき, 点 (a,b) の近傍で定義される陰関数 $y = \varphi(x)$ も C^2 級であり, 2 次導関数は次の式で表される.

$$\varphi''(x) = -\frac{f_{xx}f_y{}^2 - 2f_{xy}f_xf_y + f_{yy}f_x{}^2}{f_y{}^3}$$

証明　陰関数定理より,

$$\varphi'(x) = -\frac{f_x}{f_y}$$

である. この両辺をさらに x で微分すると,

$$\varphi''(x) = -\frac{(f_x)'f_y - f_x(f_y)'}{f_y^2}$$

ここで, 定理 4.2.1 より,

$$(f_x)' = f_{xx} + f_{xy}y' = f_{xx} + f_{xy}\varphi'(x) = f_{xx} - f_{xy}\frac{f_x}{f_y}$$

$$(f_y)' = f_{yx} + f_{yy}y' = f_{yx} + f_{yy}\varphi'(x) = f_{yx} - f_{yy}\frac{f_x}{f_y}$$

これらを代入して, 求める等式を得る. また, $\varphi''(x)$ の連続性も従う.

条件付き極値問題　次の問題を考える.

例題 3　条件 $x^2 + y^2 - 1 = 0$ のもとで, 関数 $f(x, y) = x + y$ の最大値および最小値を求めよ.

【解答】　$x + y = k$ とおく. $y = k - x$ を条件式に代入すると, $x^2 + (k-x)^2 - 1 = 0$ より, $2x^2 - 2kx + k^2 - 1 = 0$. この 2 次方程式が実数解をもつためには, 判別式 $= 4k^2 - 8(k^2 - 1) \geqq 0$ より, $k^2 \leqq 2$. すなわち, $-\sqrt{2} \leqq k \leqq \sqrt{2}$ を得る. したがって, $x = y = \dfrac{1}{\sqrt{2}}$ のとき最大値 $\sqrt{2}$, $x = y = -\dfrac{1}{\sqrt{2}}$ のとき最小値 $-\sqrt{2}$ をとる. ▮

　$f(x, y) = x + y$ という関数は, $-\infty$ から ∞ までの値をとるが, 例題 3 のように定義域を単位円周上に制限すると, とる値も制限されて最大値と最小値が存在する. そこで, より一般的に, 点 (x, y) がある曲線 $g(x, y) = 0$ 上だけを動くという条件のもとに, 与えられた関数 $f(x, y)$ の極値を求めるという問題を考える. その必要条件を与えるのが次の定理である.

定理 4.5.4 (ラグランジュの未定乗数法)

$f(x, y)$, $g(x, y)$ を C^1 級とし, 条件 $g(x, y) = 0$ のもとで $z = f(x, y)$ が点 (a, b) で極値をとるとする. このとき, $g_x(a, b) \neq 0$ または $g_y(a, b) \neq 0$ であれば, 次の等式を満たす定数 λ が存在する.

$$g(a, b) = 0 \tag{4.4}$$

$$f_x(a, b) = \lambda g_x(a, b) \tag{4.5}$$

$$f_y(a, b) = \lambda g_y(a, b) \tag{4.6}$$

【証明】　まず, $g(x, y) = 0$ より $g(a, b) = 0 \cdots (4.4)$ が成り立つ.

　次に, $g_y(a, b) \neq 0$ とする. 陰関数定理より, $g(x, y) = 0$ は点 (a, b) の近傍で $y = \varphi(x)$ と表され, その微分係数は以下となる.

$$\varphi'(a) = -\frac{g_x(a, b)}{g_y(a, b)}$$

また, $f(x, \varphi(x))$ を x について微分すると, 定理 4.2.1 より,

$$\frac{d}{dx} f(x, \varphi(x)) = f_x(x, \varphi(x)) + f_y(x, \varphi(x))\varphi'(x)$$

である. この式に $x = a$ を代入すると, $b = \varphi(a)$ であり, $f(x, \varphi(x))$ が a で極値を

とることから $\dfrac{d}{dx}f(x,\varphi(x))\Big|_{x=a}=0$ より,

$$f_x(a,b)+f_y(a,b)\varphi'(a)=0$$

したがって,

$$f_x(a,b)=-f_y(a,b)\varphi'(a)=f_y(a,b)\frac{g_x(a,b)}{g_y(a,b)}=\frac{f_y(a,b)}{g_y(a,b)}g_x(a,b)$$

となる. ここで, $\lambda=\dfrac{f_y(a,b)}{g_y(a,b)}$ とおくと, 式 (4.5), (4.6) を得る.

$g_x(a,b)\neq 0$ のときも同様に示される. ▌

注意 ラグランジュの未定乗数法は, (4.4), (4.5), (4.6) を連立方程式として解き, 得られた解が極値をとるための候補点ということを示している. 実際に極値をとるかどうかは, 改めて調べなければならない.

例題 4　条件 $g(x,y)=x^2+y^2-1=0$ のもとで, 関数 $f(x,y)=x+y$ の極値を調べよ.

解答　$f_x(x,y)=1$, $f_y(x,y)=1$, $g_x(x,y)=2x$, $g_y(x,y)=2y$ より, 極値をとる候補点は次の連立方程式の解である.

$$\begin{cases} x^2+y^2=1 & (4.7) \\ 1=2\lambda x & (4.8) \\ 1=2\lambda y & (4.9) \end{cases}$$

(4.8), (4.9) より $x=y=\dfrac{1}{2\lambda}$ である. これらを (4.7) に代入すると $\lambda^2=\dfrac{1}{2}$ より, $\lambda=\pm\dfrac{1}{\sqrt{2}}$ となる. したがって, 極値をとる候補は, $(x,y)=\left(\dfrac{1}{\sqrt{2}},\dfrac{1}{\sqrt{2}}\right)$ または $\left(-\dfrac{1}{\sqrt{2}},-\dfrac{1}{\sqrt{2}}\right)$ の 2 点である. ここで定理 1.2.6 と同様に考えて $f(x,y)$ は円周上の関数として, 最大値または最小値をとるため, これらの候補点において, 極大値 (最大値)$\sqrt{2}$ および極小値 (最小値)$-\sqrt{2}$ をとる. ▌

問 3　条件 $g(x,y)=x^2+y^2-1=0$ のもとで, 関数 $f(x,y)=xy$ の極値を調べよ. 特に, 例題 3 および例題 4 と同様に, 2 通りの方法で調べよ. また, 円周 $x^2+y^2=1$ と $xy=k$ のグラフとの関係を図示せよ.

問題 4.5

1. 次の方程式で定められる曲線の，与えられた点における接線の方程式を求めよ．

(1) $x^2 + xy^3 - 9 = 0$　(1, 2)

(2) $3x^2 - xy^3 + 2xy + y - x = 0$　(1, 2)

(3) $xe^{2y} - e^{xy} + \sin \pi xy + y = 0$　(0, 1)

2. 点 (1, 1) の近傍で，次の方程式の陰関数として与えられる関数 $y = \varphi(x)$ について，$\varphi'(1)$ および $\varphi''(1)$ を求めよ．

(1) $x^2 - 2xy^3 + y^2 = 0$　　　(2) $x^3 - 3y^3 + 2x^2 y = 0$

3. 次の方程式で与えられる陰関数 $y = \varphi(x)$ の極値を求めよ．

(1) $x^2 + 2xy + 2y^2 - 1 = 0$　　　(2) $x^2 - xy + y^3 - 7 = 0$

ヒント：$\varphi'(x) = 0$ となる点 x を求め，定理 2.3.3 を用いる．

4. 与えられた条件 $g(x, y) = 0$ のもとでの関数 $f(x, y)$ の極値を求めよ．

(1) $f(x, y) = y - x$,　　$g(x, y) = x^2 + y^2 - 2$

(2) $f(x, y) = xy$,　　$g(x, y) = x^2 + 2y^2 - 1$

(3) $f(x, y) = x^2 + y^2$,　　$g(x, y) = xy - 1$

5. 曲線 $x^2 + xy + y^2 - 3 = 0$ 上の点で，原点から最も近い点と最も遠い点と，そのときの距離を求めよ．

ヒント：原点と (x, y) との距離は $\sqrt{x^2 + y^2}$ である．

6. 次の関数 $f(x, y)$ の領域 $D = \{(x, y) \mid x^2 + y^2 \leqq 1\}$ における最大値，最小値を求めよ．

(1) $f(x, y) = x^2 + xy + y^2$　　　(2) $f(x, y) = x^2 + y^2 - x - y$

ヒント：領域 D における極大，極小を定理 4.4.2 で調べ，境界線上における極大，極小を定理 4.5.4 で調べる．

第5章

重積分

有界閉区間で定義された連続関数に対して，定積分が定義されることは既に学んだ．この章では多変数の関数，特に 2 変数関数に対して重積分を定義し，その計算法や応用について学ぶ．まず，長方形領域における重積分の定義を述べるが，「2 変数関数の重積分は曲面 $z = f(x, y)$ と xy 平面で囲まれた柱状立体の体積である」という直感的解釈に基づいている．

5.1 重積分と累次積分

xy 平面における長方形領域

$$R = \{(x, y) \mid a \leqq x \leqq b,\ c \leqq y \leqq d\}$$

とその上で定義された関数 $f(x, y)$ を考える．領域 R における x の範囲 $a \leqq x \leqq b$ を m 個の小区間に，y の範囲 $c \leqq y \leqq d$ を n 個の小区間に次のように分割し Δ とする．

$$\Delta : \begin{aligned} a &= x_0 < x_1 < x_2 < \cdots < x_{m-1} < x_m = b \\ c &= y_0 < y_1 < y_2 < \cdots < y_{n-1} < y_n = d \end{aligned}$$

この分割により R は mn 個の小長方形 R_{ij} $(1 \leqq i \leqq m,\ 1 \leqq j \leqq n)$ に分割される．次に，各 R_{ij} から任意に 1 点 (ξ_{ij}, η_{ij}) を選ぶ (図 5.1)．

小長方形 R_{ij} の縦横 2 辺を Δx_i, Δy_j とすると面積はそれらの積 $\Delta x_i \Delta y_j$ である．よって，R_{ij} を底面とし $f(\xi_{ij}, \eta_{ij})$ を高さとする四角柱の体積は，

$$f(\xi_{ij}, \eta_{ij})\, \Delta x_i \Delta y_j$$

となる．したがって，これらを足し合わせた総和 (リーマン和)

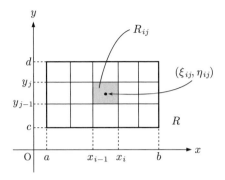

図 5.1 領域 R

$$\sum_{i=1}^{m}\sum_{j=1}^{n} f(\xi_{ij},\eta_{ij})\,\Delta x_i \Delta y_j$$

は，図 5.2 のように四角柱を束ねてできる立体の体積である．ここで関数の値が負のときは，四角柱が負の体積をもつと考える．

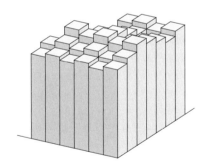

図 5.2 四角柱の総和

　上記の分割を細かくしたとき，リーマン和の極限が点 (ξ_{ij},η_{ij}) のとり方によらずにある値に近づくならば，「$f(x,y)$ は R で重積分可能である」といい，その極限値を

$$\iint_R f(x,y)\,dx\,dy$$

と表す．これを R における $f(x,y)$ の**重積分**という．

ここで，分割を細かくするとは，単に分割の数を増やすだけでなく，各小長方形を小さくすることである．すなわち，R_{ij} の対角線の長さの最大値を $\max(\Delta)$ とすると，$f(x,y)$ の重積分は下記のように表される．

$$\iint_R f(x,y)\,dx\,dy = \lim_{\max(\Delta)\to 0} \sum_{i=1}^{m} \sum_{j=1}^{n} f(\xi_{ij}, \eta_{ij})\,\Delta x_i \Delta y_j$$

累次積分　領域 $R = \{(x,y)\mid a \leqq x \leqq b,\ c \leqq y \leqq d\}$ で定義された連続関数 $f(x,y)$ の重積分は，長方形 R を底面とし，曲面 $z = f(x,y)$ で囲まれた柱状立体の体積を表す．その立体を，平面 $x = x_0$ で切った切り口の面積は，$f(x_0,y)$ を y の 1 変数関数とみて積分した次の値である．

$$\int_c^d f(x_0,y)\,dy$$

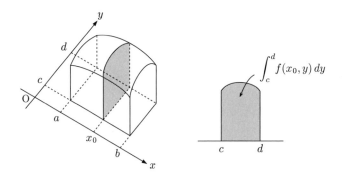

図 **5.3**　断面の図

カバリエリの原理により，求める立体の体積はこの断面積を x 軸方向に積分した値である．同様に，平面 $y = y_0$ で切った切り口の面積は，$f(x,y_0)$ を x の 1 変数関数とみて積分した次の値であり，この断面積を y 軸方向に積分した値が立体の体積となる．

$$\int_a^b f(x,y_0)\,dx$$

したがって，重積分は 1 変数関数の積分を繰り返すことにより，次のように表現される．この方法を**累次積分**という．長方形領域の場合，累次積分可能で

あり，x, y のどちらから積分しても，計算結果は同じになる．

定理 5.1.1 (長方形領域の累次積分)

$$\iint_R f(x, y)\, dx\, dy = \int_a^b \left(\int_c^d f(x, y)\, dy \right) dx$$

$$= \int_c^d \left(\int_a^b f(x, y)\, dx \right) dy$$

ここで，上記の累次積分を，下記の右辺のように書くこととする．

$$\int_a^b \left(\int_c^d f(x, y)\, dy \right) dx = \int_a^b dx \int_c^d f(x, y)\, dy$$

$$\int_c^d \left(\int_a^b f(x, y)\, dx \right) dy = \int_c^d dy \int_a^b f(x, y)\, dx$$

例題 1 重積分 $I = \displaystyle\iint_R xy^3\, dx\, dy$ $\quad R : 0 \leqq x \leqq 1,\ 2 \leqq y \leqq 4$ を求めよ．

解答

$$I = \int_0^1 dx \int_2^4 xy^3\, dy = \int_0^1 \left[\frac{1}{4} xy^4 \right]_{y=2}^{y=4} dx = \int_0^1 \frac{1}{4} x(4^4 - 2^4)\, dx$$

$$= \int_0^1 60x\, dx = \left[30x^2 \right]_0^1 = 30$$

$$I = \int_2^4 dy \int_0^1 xy^3\, dx = \int_2^4 \left[\frac{1}{2} x^2 y^3 \right]_{x=0}^{x=1} dy = \int_2^4 \frac{1}{2} y^3\, dy$$

$$= \left[\frac{1}{8} y^4 \right]_2^4 = \frac{1}{8}(4^4 - 2^4) = 30$$

注意 累次積分の値は x と y のどちらから始めても同じ値になるので，関数の形を見て，全体として積分計算が楽になる方から始めるとよい．

問 1 次の重積分を求めよ．それぞれ 2 通りの順序で積分せよ．

(1) $\displaystyle\iint_R x^2 y^3\, dx\, dy$ $\qquad R : 1 \leqq x \leqq 2,\ 0 \leqq y \leqq 3$

(2) $\displaystyle\iint_R e^{x+2y}\, dx\, dy$ $\qquad R : -2 \leqq x \leqq 2,\ -1 \leqq y \leqq 1$

ここで，例題 1 や問 1 (1)，(2) を振り返ると，実は，x だけの積分と y だけ

の積分の積となっている. これは $f(x,y)$ が x だけの関数と y だけの関数の積になっているからである. より一般的には, 次のように記述される. 証明は節末問題とする.

命題 5.1.2

長方形領域 R における重積分において, 被積分関数が x の関数と y の関数の積 $f(x)g(y)$ となっていれば, 次の等式が成り立つ.

$$\iint_R f(x)g(y)\,dx\,dy = \int_a^b f(x)\,dx \int_c^d g(y)\,dy$$

問 2　問 1 (1), (2) の重積分を, 命題 5.1.2 の方法で計算し確認せよ.

ここで, 4.3 節で省略した下記の定理の証明を行う.

定理 5.1.3 (定理 4.3.2)

$f(x,y)$ が C^2 級ならば, $f_{xy}(x,y) = f_{yx}(x,y)$.

証明　$f_{xy}(x,y) \neq f_{yx}(x,y)$ とすると, ある点 (p,q) で, $f_{xy}(p,q) > f_{yx}(p,q)$ としてよい. ここで $f_{xy}(x,y)$ と $f_{yx}(x,y)$ がともに連続であることに注意すると, 点 (p,q) の近傍でも同じ不等式が成り立つ. そこで, その近傍内の十分小さな長方形領域 R を考えると, $(x,y) \in R$ ならば $f_{xy}(x,y) > f_{yx}(x,y)$ となる. したがって, 次の不等式が成り立つ.

$$\iint_R f_{xy}(x,y)\,dx\,dy > \iint_R f_{yx}(x,y)\,dx\,dy$$

この左辺を累次積分すると,

$$\iint_R f_{xy}(x,y)\,dx\,dy = \int_a^b dx \int_c^d f_{xy}(x,y)\,dy = \int_a^b \left[f_x(x,y) \right]_{y=c}^{y=d} dx$$

ここで定理 3.1.3 (微分積分学の基本定理) を偏微分に対して用いた. つまり, y で偏微分して y で積分すると, もとにもどるという事実である. これをさらに続けると,

$$= \int_a^b \left(f_x(x,d) - f_x(x,c) \right) dx = \left[f(x,d) - f(x,c) \right]_{x=a}^{x=b}$$

$$= f(b,d) - f(b,c) - f(a,d) + f(a,c)$$

を得る.

次に右辺を累次積分する．定理 5.1.1 より積分の値は x と y のどちらを先にしても同じになるので，ここでは x から先に積分すると，

$$\iint_R f_{yx}(x,y)\,dx\,dy = \int_c^d dy \int_a^b f_{yx}(x,y)\,dx = \int_c^d \Big[f_y(x,y) \Big]_{x=a}^{x=b} dy$$

$$= \int_c^d \big(f_y(b,y) - f_y(a,y) \big)\,dy = \Big[f(b,y) - f(a,y) \Big]_{y=c}^{y=d}$$

$$= f(b,d) - f(a,d) - f(b,c) + f(a,c)$$

したがって両辺の積分の値は一致する．これは不等式と矛盾するので，最初の仮定が誤り．すなわち，$f_{xy}(x,y) = f_{yx}(x,y)$ が証明された． ▍

定理 5.1.4 (微分と積分の順序交換)

$f(x,y)$, $f_y(x,y)$ が $R = \{(x,y) \mid a \leqq x \leqq b,\ c \leqq y \leqq d\}$ で連続であれば，次の等式が成り立つ．

$$\frac{d}{dy} \int_a^b f(x,y)\,dx = \int_a^b \frac{\partial}{\partial y} f(x,y)\,dx$$

証明　$c \leqq y \leqq d$ として，長方形領域 $[a,b] \times [c,y]$ における $f_y(x,y)$ の重積分を累次積分で表す．定理 5.1.1 を用いると，

$$\int_c^y dy \int_a^b \frac{\partial}{\partial y} f(x,y)\,dx = \int_a^b dx \int_c^y \frac{\partial}{\partial y} f(x,y)\,dy = \int_a^b \Big[f(x,y) \Big]_{y=c}^{y=y} dx$$

$$= \int_a^b (f(x,y) - f(x,c))\,dx = \int_a^b f(x,y)\,dx - \int_a^b f(x,c)\,dx$$

より，次が得られた．

$$\int_c^y \left(\int_a^b \frac{\partial}{\partial y} f(x,y)\,dx \right) dy = \int_a^b f(x,y)\,dx - \int_a^b f(x,c)\,dx$$

この両辺を y で微分すると，求める等式が得られる． ▍

問題 5.1

1. 次の長方形領域における重積分を累次積分で表し，その値を求めよ．

(1) $\displaystyle\iint_R \sin(2x+y)\,dx\,dy$　　$R : 0 \le x \le \dfrac{\pi}{2},\ 0 \le y \le \dfrac{\pi}{2}$

(2) $\displaystyle\iint_R (xy+y^2)\,dx\,dy$　　$R : 0 \le x \le 2,\ 2 \le y \le 3$

(3) $\displaystyle\iint_R \dfrac{1}{(x+y+1)^2}\,dx\,dy$　　$R : 0 \le x \le 1,\ 0 \le y \le 1$

(4) $\displaystyle\iint_R e^{3x-2y}\,dx\,dy$　　$R : 0 \le x \le 1,\ 0 \le y \le 1$

(5) $\displaystyle\iint_R ye^{xy}\,dx\,dy$　　$R : 0 \le x \le 1,\ 0 \le y \le 1$

(6) $\displaystyle\iint_R \dfrac{y}{1+xy}\,dx\,dy$　　$R : 0 \le x \le 1,\ 1 \le y \le e-1$

(7) $\displaystyle\iint_R x\sin(x+y)\,dx\,dy$　　$R : 0 \le x \le \pi,\ 0 \le y \le \dfrac{\pi}{2}$

(8) $\displaystyle\iint_R \dfrac{y^2}{x^2y^2+1}\,dx\,dy$　　$R : 0 \le x \le 1,\ 0 \le y \le 1$

2. $R = \{(x,y) \mid a \le x \le b,\ c \le y \le d\}$ のとき，次の等式を示せ (命題 5.1.2).

$$\iint_R f(x)g(y)\,dx\,dy = \int_a^b f(x)\,dx \int_c^d g(y)\,dy$$

ヒント：定理 5.1.1 を用いる．

3. $R = \{(x,y) \mid 0 \le x \le a,\ 0 \le y \le a\}$ のとき，次の等式を示せ．

$$\iint_R e^{-x^2-y^2}\,dx\,dy = \left(\int_0^a e^{-x^2}\,dx\right)^2$$

4. 次の式で定義される関数 $f(x)$ の導関数 $f'(x)$ と $f'(0)$ の値を求めよ．

(1) $f(x) = \displaystyle\int_1^2 \dfrac{e^{xt}}{t}\,dt$　　　(2) $f(x) = \displaystyle\int_1^2 \dfrac{\sin xt}{t}\,dt$

ヒント：定理 5.1.4 を用いる．

5.2　有界閉領域における重積分

　前節において長方形領域で定義された関数の重積分について学んだが，本節ではさらに，一般の**有界閉領域**で定義された重積分について学ぶ．

　いま，$f(x, y)$ を有界閉領域 D で定義された 2 変数関数とする．D は有界なので D を含む長方形領域 R が存在する．そこで，$f(x, y)$ を R で定義された関数 $\overline{f}(x, y)$ へと，次のように拡張する．

$$\overline{f}(x, y) = \begin{cases} f(x, y) & ((x, y) \in D) \\ 0 & ((x, y) \in R - D) \end{cases}$$

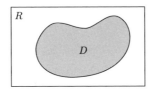

図 **5.4**　D と R

　このとき，$f(x, y)$ の D における重積分を，$\overline{f}(x, y)$ の R における重積分によって定める．すなわち，

$$\iint_D f(x, y)\, dx\, dy = \iint_R \overline{f}(x, y)\, dx\, dy$$

とする．この $\overline{f}(x, y)$ は，たとえ $f(x, y)$ が連続であっても連続とは限らない．なぜなら，D の境界線から外では 0 と定めるからである．しかし，積分可能性やその値は，長方形領域 R のとり方には依存しない．

　次の性質は基本的であるが，詳細は省略する．

命題 5.2.1

有界閉領域で定義された連続関数 $f(x, y)$，$g(x, y)$ の重積分については，和差，定数倍，比較，絶対値について，命題 3.1.1 と同様の等式，および不等式が成り立つ．

単純な領域における累次積分　これ以降，有界閉領域として，閉区間上で定義された 2 つの関数のグラフで定められる領域を考える．閉区間が x 軸か y 軸かによって，以下のように定める．ここで，$\varphi_1(x)$, $\varphi_2(x)$, $\psi_1(y)$, $\psi_2(y)$ はそれぞれの区間で定義された連続関数である．

　x に関して単純な領域：$D = \{(x, y) \mid a \le x \le b,\ \varphi_1(x) \le y \le \varphi_2(x)\}$

　y に関して単純な領域：$D = \{(x, y) \mid c \le y \le d,\ \psi_1(y) \le x \le \psi_2(y)\}$

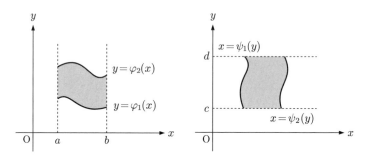

図 5.5　x に関して単純な領域　　**図 5.6**　y に関して単純な領域

　図 5.5，図 5.6 が示すように，単純な領域は，縦線分の集合または横線分の集合として表すことができる．重積分を計算する場合，y 方向を先に積分する場合と，x 方向を先に積分する場合がある．より正確には，閉区間上の領域における累次積分として，以下のように記述される．

定理 5.2.2（x に関して単純な領域における累次積分）

$f(x, y)$ を x に関して単純な領域 D で定義された連続関数とする．このとき $f(x, y)$ は D で重積分可能であり，次が成り立つ．

$$\iint_D f(x, y)\, dx\, dy = \int_a^b dx \int_{\varphi_1(x)}^{\varphi_2(x)} f(x, y)\, dy$$

証明　重積分可能性の証明は省略する．$\varphi_1(x)$, $\varphi_2(x)$ は閉区間 $[a, b]$ において連続より，定理 1.2.6 から，最大値および最小値をもつ．したがって，定数 c, d を

$$c \le \varphi_1(x) \le d, \quad c \le \varphi_2(x) \le d$$

が任意の $x \in [a,b]$ に対して成り立つように選ぶことができる. このとき,

$$R = \big\{ (x,y) \mid a \le x \le b,\ c \le y \le d \big\}$$

とおくと, D はこの長方形領域 R に含まれるので, $f(x,y)$ は R 上の関数 $\overline{f}(x,y)$ に拡張され, 次が成り立つ.

$$\iint_D f(x,y)\,dx\,dy = \iint_R \overline{f}(x,y)\,dx\,dy$$

ここで, 長方形領域 R における $\overline{f}(x,y)$ の重積分を累次積分で表すと

$$\iint_R \overline{f}(x,y)\,dx\,dy = \int_a^b dx \int_c^d \overline{f}(x,y)\,dy$$

であり, 右辺の累次積分における y 方向の定積分は, 以下となる.

$$\int_c^d \overline{f}(x,y)\,dy = \int_c^{\varphi_1(x)} \overline{f}(x,y)\,dy + \int_{\varphi_1(x)}^{\varphi_2(x)} \overline{f}(x,y)\,dy + \int_{\varphi_2(x)}^d \overline{f}(x,y)\,dy$$

$$= \int_c^{\varphi_1(x)} 0\,dy + \int_{\varphi_1(x)}^{\varphi_2(x)} f(x,y)\,dy + \int_{\varphi_2(x)}^d 0\,dy = \int_{\varphi_1(x)}^{\varphi_2(x)} f(x,y)\,dy$$

以上で, 定理の等式が示された. ▮

y に関して単純な領域についても, 次の通り同様である.

定理 5.2.3 (y に関して単純な領域における累次積分)

$f(x,y)$ を y に関して単純な領域 D で定義された連続関数とする. このとき $f(x,y)$ は D で重積分可能であり, 次が成り立つ.

$$\iint_D f(x,y)\,dx\,dy = \int_c^d dy \int_{\psi_1(y)}^{\psi_2(y)} f(x,y)\,dx$$

例題 1 次の重積分を求めよ.

$$\iint_D xy\,dx\,dy \quad D = \big\{ (x,y) \mid -1 \le x \le 2,\ x^2 \le y \le x+2 \big\}$$

解答 D は x の区間 $[-1,2]$ 上で曲線 $y = x^2$ と直線 $y = x+2$ に囲まれた領域である (図 5.7). したがって,

$$\iint_D xy\,dx\,dy = \int_{-1}^2 dx \int_{x^2}^{x+2} xy\,dy = \int_{-1}^2 \Big[\frac{xy^2}{2} \Big]_{y=x^2}^{y=x+2} dx$$

$$= \frac{1}{2} \int_{-1}^2 (x(x+2)^2 - x(x^2)^2)\,dx = \frac{1}{2} \int_{-1}^2 (x^3 + 4x^2 + 4x - x^5)\,dx$$

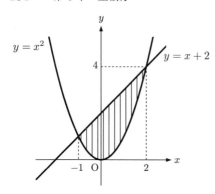

図 **5.7**　$x^2 \leqq y \leqq x+2$　　　図 **5.8**　$-\sqrt{y} \leqq x \leqq -y$

$$= \frac{1}{2}\Big[\frac{x^4}{4} + \frac{4x^3}{3} + 2x^2 - \frac{x^6}{6}\Big]_{-1}^{2} = \frac{1}{2}\Big(\frac{144}{12} - \frac{9}{12}\Big) = \frac{45}{8}$$

例題 2　次の重積分を求めよ.

$$\iint_D x^3 y\, dx\, dy \quad D = \{(x,y) \mid 0 \leqq y \leqq 1,\ -\sqrt{y} \leqq x \leqq -y\}$$

解答　D は y の区間 $[0,1]$ 上で曲線 $x = -\sqrt{y}$ と直線 $x = -y$ に囲まれた領域である (図 5.8). したがって,

$$\iint_D x^3 y\, dx\, dy = \int_0^1 dy \int_{-\sqrt{y}}^{-y} x^3 y\, dx = \int_0^1 \Big[\frac{x^4 y}{4}\Big]_{x=-\sqrt{y}}^{x=-y} dy$$

$$= \frac{1}{4}\int_0^1 (y^5 - y^3)\, dy = \frac{1}{4}\Big[\frac{y^6}{6} - \frac{y^4}{4}\Big]_0^1 = \frac{1}{4}\Big(\frac{1}{6} - \frac{1}{4}\Big) = -\frac{1}{48}$$

問 1　次の領域 D を図示し, (1) は y から始める累次積分 (例題 1), (2) は x から始める累次積分 (例題 2) として, 重積分を求めよ.

(1) $\displaystyle\iint_D xy\, dx\, dy \quad D : 0 \leqq x \leqq 2,\ x^2 \leqq y \leqq 2x$

(2) $\displaystyle\iint_D xy\, dx\, dy \quad D : 0 \leqq y \leqq 4,\ -2 \leqq x \leqq -\sqrt{y}$

積分順序の交換　例題 2 では x から積分したが, この領域 D は x に関して単純な領域として, 次のようにも書ける.

$$D : -1 \leqq x \leqq 0,\ x^2 \leqq y \leqq -x$$

この場合，y から積分することも可能である．したがって，1 つの領域 D が，x に関して単純な領域でありかつ y に関して単純な領域となる場合，D で定義された関数 $f(x,y)$ に対して，2 通りの累次積分が可能となる．例題 2 における領域の場合，次の等式が成り立つ．

$$\int_0^1 dy \int_{-\sqrt{y}}^{-y} f(x,y)\,dx = \int_{-1}^0 dx \int_{x^2}^{-x} f(x,y)\,dy$$

この事実を**積分順序の交換**という．

例題 3　次の累次積分の積分順序を交換せよ（例題 1 参照）．

$$\int_{-1}^2 dx \int_{x^2}^{x+2} f(x,y)\,dy$$

解答　積分領域は，$D: -1 \leqq x \leqq 2,\ x^2 \leqq y \leqq x+2$ より，図 5.9 である．与えられた累次積分は y 方向から積分しているが，これを x 方向から先に積分できるように領域の見方を変えると，$D = D_1 \cup D_2$ ただし，

$$D_1:\ 0 \leqq y \leqq 1,\quad -\sqrt{y} \leqq x \leqq \sqrt{y}$$
$$D_2:\ 1 \leqq y \leqq 4,\quad y-2 \leqq x \leqq \sqrt{y}$$

となる．与えられた重積分は，D_1 上の重積分と D_2 上の重積分の和となるので，以下

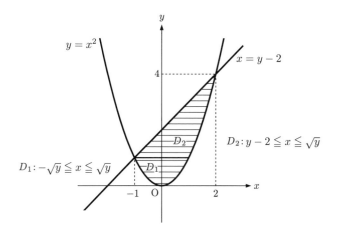

図 5.9　領域の分割

を得る.

$$与式 = \int_0^1 dy \int_{-\sqrt{y}}^{\sqrt{y}} f(x, y)\, dx + \int_1^4 dy \int_{y-2}^{\sqrt{y}} f(x, y)\, dx$$

問2 例題 2 を y から始める累次積分として求めよ.

問3 次の累次積分の積分領域を図示し,積分順序を交換せよ.

$$(1)\ \int_0^1 dx \int_{x^2}^x f(x, y)\, dy \qquad (2)\ \int_0^1 dy \int_{y-1}^{-y+1} f(x, y)\, dx$$

次の例題は,積分領域が半円である場合の,2 通りの累次積分を表している.

例題4 D を,原点を中心とする半径 $a > 0$ の円における $y \geqq 0$ の部分とする.このとき,$\displaystyle\iint_D y\, dx\, dy$ を求めよ.

解答 $D : -a \leqq x \leqq a,\ 0 \leqq y \leqq \sqrt{a^2 - x^2}$ と考えると,以下となる.

$$与式 = \int_{-a}^a dx \int_0^{\sqrt{a^2 - x^2}} y\, dy = \int_{-a}^a \left[\frac{y^2}{2} \right]_{y=0}^{y=\sqrt{a^2-x^2}} dx$$

$$= \frac{1}{2} \int_{-a}^a (a^2 - x^2)\, dx = \frac{1}{2} \left[a^2 x - \frac{x^3}{3} \right]_{-a}^a = \frac{2}{3} a^3$$

$D : 0 \leqq y \leqq a,\ -\sqrt{a^2 - y^2} \leqq x \leqq \sqrt{a^2 - y^2}$ と考えると,以下となる.

$$与式 = \int_0^a dy \int_{-\sqrt{a^2-y^2}}^{\sqrt{a^2-y^2}} y\, dx = \int_0^a \left[yx \right]_{x=-\sqrt{a^2-y^2}}^{x=\sqrt{a^2-y^2}} dy$$

$$= \int_0^a 2y \sqrt{a^2 - y^2}\, dy = \left[-\frac{2}{3} \sqrt{(a^2 - y^2)^3} \right]_0^a = \frac{2}{3} a^3$$

問題 5.2

1. 次の累次積分を求めよ.

$$(1)\ \int_0^2 dy \int_0^{\frac{y}{2}} xy^2\, dx \qquad (2)\ \int_0^1 dx \int_0^{x^2} x^2 y\, dy$$

2. 次の重積分を累次積分で表し,その値を求めよ.

$$(1)\ \iint_D x\, dx\, dy \qquad D : 0 \leqq x \leqq 1,\ 0 \leqq y \leqq \sqrt{x}$$

(2) $\displaystyle\iint_D x^2 y^2\,dx\,dy \quad D:0 \leqq y \leqq 1,\ y \leqq x \leqq 1$

(3) $\displaystyle\iint_D \frac{1}{1+x^2}\,dx\,dy \quad D:0 \leqq x \leqq 1,\ 0 \leqq y \leqq x$

(4) $\displaystyle\iint_D xy\,dx\,dy \quad D:x^2+y^2 \leqq a^2,\ x \geqq 0,\ y \geqq 0,\ (a>0)$

(5) $\displaystyle\iint_D \sqrt{a^2-x^2}\,dx\,dy \quad D:x^2+y^2 \leqq a^2,\ (a>0)$

(6) $\displaystyle\iint_D \frac{y\sin x}{x}\,dx\,dy \quad D:0 \leqq y \leqq x \leqq \pi$

(7) $\displaystyle\iint_D (2x-y)\,dx\,dy \quad D:x \leqq y \leqq 2x,\ x+y \leqq 3$

3. 次の累次積分の積分領域を図示し，積分順序を交換せよ．

(1) $\displaystyle\int_{-1}^1 dx \int_0^{\sqrt{1-x^2}} f(x,y)\,dy$

(2) $\displaystyle\int_0^4 dy \int_{-\sqrt{y}}^{\sqrt{y}} f(x,y)\,dx$

(3) $\displaystyle\int_0^1 dy \int_{y^2}^{-y+2} f(x,y)\,dx$

(4) $\displaystyle\int_{-1}^1 dx \int_0^{e^x} f(x,y)\,dy$

(5) $\displaystyle\int_a^b dx \int_a^x f(x,y)\,dy \quad (a>0,\ b>0) \quad$ （ディリクレの変換）

4. 次の累次積分の順序を交換し，その値を求めよ．

(1) $\displaystyle\int_0^1 dx \int_x^1 e^{y^2}\,dy$

(2) $\displaystyle\int_0^1 dy \int_y^1 \frac{x}{1+x^3}\,dx$

5.3　重積分の変数変換

1 変数の積分において，変数を置き換える置換積分を学んだ．本節では，重積分の置換積分である変数変換について学ぶ．

ヤコビアン　uv 平面から xy 平面への対応が，2 つの関数

$$x = \varphi(u, v), \quad y = \psi(u, v)$$

によって与えられているとき，この対応を (u, v) から (x, y) への変数変換という．このとき，4 つの偏導関数で作られる次の行列式を，ヤコビアン (関数行列式) という．

$$J = \frac{\partial(x, y)}{\partial(u, v)} = \begin{vmatrix} x_u & x_v \\ y_u & y_v \end{vmatrix} = x_u y_v - x_v y_u$$

例 1　$\begin{cases} x = u^2 - 2v^2 \\ y = 3uv \end{cases}$　のとき，

$$\frac{\partial(x, y)}{\partial(u, v)} = \begin{vmatrix} x_u & x_v \\ y_u & y_v \end{vmatrix} = \begin{vmatrix} 2u & -4v \\ 3v & 3u \end{vmatrix} = 6u^2 + 12v^2$$

問 1　次の (1)，(2) において，ヤコビアンを求めよ．(1) を **1 次変換**という．

(1) $\begin{cases} x = au + bv \\ y = cu + dv \end{cases}$　(2) $\begin{cases} x = \sqrt{u + v} \\ y = 2u^2 v^2 \end{cases}$

上記の変数変換で，uv 平面上の領域 E が xy 平面上の領域 D へ対応するとき，D 上の重積分を E 上の重積分に変換する方法を考える．

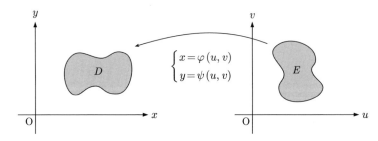

図 5.10　領域の変換

1 変数の置換積分では下記の等式が示すように，置き換えた関数 $x = \varphi(t)$ の微分を掛ける必要があった (命題 3.2.3).

$$\int_a^b f(x)\,dx = \int_\alpha^\beta f(\varphi(t))\varphi'(t)\,dt$$

重積分における変数変換では，以下となる.

定理 5.3.1 (重積分の変数変換)

$x = \varphi(u,v)$, $y = \psi(u,v)$ が C^1 級で，E は D に 1 対 1 に対応し，ヤコビアンは E において 0 でないとする．このとき，次の等式が成り立つ.

$$\iint_D f(x,y)\,dx\,dy = \iint_E f(\varphi(u,v), \psi(u,v)) \left| \frac{\partial(x,y)}{\partial(u,v)} \right| du\,dv$$

すなわち，重積分では変数変換をする場合，ヤコビアンの絶対値を掛ける必要がある．この定理の証明は省略するが，1 変数の置換積分の場合は，微分 $\varphi'(t)$ が積分区間の微小な長さの比に対応していたのに対して，2 変数の場合，ヤコビアンは積分領域の微小な面積の比に対応する.

例題 1 $\displaystyle\iint_D x\,dx\,dy$　　$D: 0 \leqq x - y \leqq 1,\ 0 \leqq x + y \leqq 1$　　を求めよ.

解答　$x - y = u$, $x + y = v$ とおくと，$x = \dfrac{u+v}{2}$, $y = \dfrac{v-u}{2}$ であり，D は，$E: 0 \leqq u \leqq 1,\ 0 \leqq v \leqq 1$ という正方形領域に対応する (図 5.11). また，

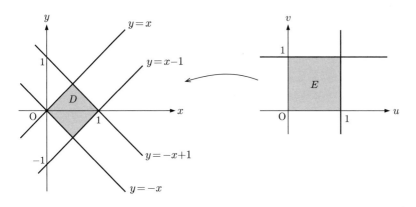

図 5.11　変数変換

$J = x_u y_v - x_v y_u = \dfrac{1}{2} \cdot \dfrac{1}{2} - \dfrac{1}{2} \cdot \dfrac{-1}{2} = \dfrac{1}{2}$ である．したがって，

$$\text{与式} = \iint_E \frac{u+v}{2} \cdot \frac{1}{2}\, du\, dv = \frac{1}{4}\int_0^1 dv \int_0^1 (u+v)\, du$$

$$= \frac{1}{4}\int_0^1 \left[\frac{u^2}{2} + vu\right]_{u=0}^{u=1} dv = \frac{1}{4}\int_0^1 \left(\frac{1}{2} + v\right) dv = \frac{1}{4}\left[\frac{v}{2} + \frac{v^2}{2}\right]_0^1 = \frac{1}{4} \quad\blacksquare$$

問 2　次の重積分を変数変換 (1 次変換) によって求めよ.

(1) $\displaystyle\iint_D (x-y)e^{x+y}\, dx\, dy$　$D : 0 \leqq x - y \leqq 1,\ 0 \leqq x + y \leqq 1$

(2) $\displaystyle\iint_D y^2\, dx\, dy$　$D : 0 \leqq y - x \leqq 1,\ 0 \leqq x + y \leqq 1$

極座標変換　xy 平面上の点 (x, y) を，原点からの距離 $r \geqq 0$ と x 軸とのなす角 θ で表す極座標については，3.6 節で学んだ. 極座標を $r\theta$ 平面と考えると，座標変換の式は以下となる.

$$x = r\cos\theta, \qquad y = r\sin\theta$$

また，そのヤコビアンは以下となる.

$$J = \frac{\partial(x, y)}{\partial(r, \theta)} = \begin{vmatrix} x_r & x_\theta \\ y_r & y_\theta \end{vmatrix} = \begin{vmatrix} \cos\theta & -r\sin\theta \\ \sin\theta & r\cos\theta \end{vmatrix} = r\cos^2\theta + r\sin^2\theta = r$$

したがって，$r\theta$ 平面の領域 E が xy 平面の領域 D に対応するとき，$r \geqq 0$ に注意すると，重積分の変数変換について次が成り立つ.

定理 5.3.2 (極座標変換による重積分)

$$\iint_D f(x, y)\, dx\, dy = \iint_E f(r\cos\theta, r\sin\theta)r\, dr\, d\theta$$

例題 2　次の重積分を求めよ.

$$\iint_D \sqrt{a^2 - x^2 - y^2}\, dx\, dy \quad D : x^2 + y^2 \leqq a^2 \quad (a > 0)$$

解答　D は原点を中心とする半径 a の円周とその内部である. したがって，極座標変換すると，$r\theta$ 平面の領域 $E : 0 \leqq r \leqq a,\ 0 \leqq \theta \leqq 2\pi$ に対応する.

$$\iint_D \sqrt{a^2 - x^2 - y^2}\, dx\, dy = \iint_E \sqrt{a^2 - r^2} \cdot r\, dr\, d\theta$$

$$= \int_0^{2\pi} d\theta \int_0^a \sqrt{a^2 - r^2} \cdot r \, dr$$

$$= \Big[\theta\Big]_0^{2\pi} \Big[-\frac{1}{3}(a^2 - r^2)^{\frac{3}{2}} \Big]_0^a = \frac{2\pi a^3}{3} \quad (\text{命題 } 5.1.2 \text{ を用いた}) \quad \blacksquare$$

例題 3 次の重積分を求めよ.

$$\iint_D (x^2 + y^2) \, dx \, dy \quad D : (x-1)^2 + y^2 \leqq 1$$

解答 D は点 $(1, 0)$ を中心とする半径 1 の円周とその内部である. そこで, 次のように極座標変換する.

$$x - 1 = r\cos\theta, \qquad y = r\sin\theta$$

変換後の領域 E は $0 \leqq r \leqq 1, 0 \leqq \theta \leqq 2\pi$ であり, ヤコビアンは r のままである. これを与式に代入すると以下となる.

$$\iint_D (x^2 + y^2) \, dx \, dy = \iint_E ((r\cos\theta + 1)^2 + (r\sin\theta)^2) r \, dr \, d\theta$$

$$= \iint_E (r^2 + 2r\cos\theta + 1) r \, dr \, d\theta = \iint_E (r^3 + 2r^2\cos\theta + r) \, dr \, d\theta$$

$$= \int_0^{2\pi} \Big[\frac{r^4}{4} + \frac{2r^3}{3}\cos\theta + \frac{r^2}{2} \Big]_{r=0}^{r=1} d\theta$$

$$= \int_0^{2\pi} \Big(\frac{3}{4} + \frac{2}{3}\cos\theta \Big) d\theta = \Big[\frac{3}{4}\theta + \frac{2}{3}\sin\theta \Big]_0^{2\pi} = \frac{3\pi}{2} \quad \blacksquare$$

問 3 次の重積分を極座標変換によって求めよ.

(1) $\displaystyle\iint_D xy \, dx \, dy \quad D : x^2 + y^2 \leqq a^2, \ x \geqq 0, \ y \geqq 0 \ (a > 0)$

(2) $\displaystyle\iint_D x \, dx \, dy \quad D : x^2 + y^2 \leqq 1, \ 0 \leqq x \leqq y$

無限積分への応用 極座標変換の応用として, **正規分布**における**確率密度関数**の無限積分について学ぶ. まず, 次の命題を示す.

命題 **5.3.3**

$$\int_{-\infty}^{\infty} e^{-x^2} \, dx = \sqrt{\pi}$$

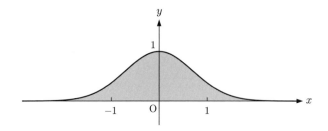

図 **5.12** $y = e^{-x^2}$

証明 $y = e^{-x^2}$ のグラフは図 5.12 であり，y 軸を対称の軸として線対称である．

命題の積分の値はこのグラフと x 軸で囲まれた無限領域の面積である．その対称性から，$x \geqq 0$ の領域を積分して 2 倍すればよい．したがって，

$$I = \int_0^\infty e^{-x^2}\,dx = \lim_{k \to \infty} \int_0^k e^{-x^2}\,dx$$

とおく．さらに，I を 2 つ掛けた値 I^2 を考える．1 つの I の変数を x，もう 1 つの I の変数を y とすると，命題 5.1.2 より，

$$I^2 = \int_0^\infty e^{-x^2}\,dx \cdot \int_0^\infty e^{-y^2}\,dy = \lim_{k \to \infty} \iint_{D_k} e^{-x^2-y^2}\,dx\,dy$$

となる．ここで D_k は，次のような正方形領域である $(k > 0)$．

$$D_k = \{(x, y) \mid 0 \leqq x \leqq k,\ 0 \leqq y \leqq k\}$$

さらに，四分円領域 E_k を次のように定める．

$$E_k = \{(x, y) \mid x^2 + y^2 \leqq k^2,\ 0 \leqq x,\ 0 \leqq y\}$$

このとき，

$$E_k \subset D_k \subset E_{\sqrt{2}k}$$

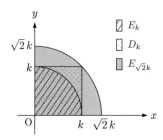

図 **5.13**　正方形と 4 分円

であり (図 5.13)，次の不等式が成り立つ.

$$\iint_{E_k} e^{-x^2-y^2}\, dx\, dy \leqq \iint_{D_k} e^{-x^2-y^2}\, dx\, dy \leqq \iint_{E_{\sqrt{2}k}} e^{-x^2-y^2}\, dx\, dy$$

最左辺と最右辺を極座標変換すると，次が成り立つ.

$$\int_0^{\frac{\pi}{2}} d\theta \int_0^k re^{-r^2}\, dr \leqq \iint_{D_k} e^{-x^2-y^2}\, dx\, dy \leqq \int_0^{\frac{\pi}{2}} d\theta \int_0^{\sqrt{2}k} re^{-r^2}\, dr$$

この積分を計算すると，次の不等式を得る.

$$\frac{\pi(1-e^{-k^2})}{4} \leqq \iint_{D_k} e^{-x^2-y^2}\, dx\, dy \leqq \frac{\pi(1-e^{-2k^2})}{4}$$

ここで $k \to \infty$ とすると，両端の積分は $\frac{\pi}{4}$ に，中央の積分は I^2 に収束する．このとき，はさみうちの原理から $I^2 = \frac{\pi}{4}$ となる．さらに $I \geqq 0$ より $I = \frac{\sqrt{\pi}}{2}$ となり，命題の等式を得る.

次が目標の等式である.

系 5.3.4 (正規分布における確率密度関数の積分)

μ を平均，σ を標準偏差とする正規分布の確率密度関数について，次が成り立つ.

$$\int_{-\infty}^{\infty} \frac{1}{\sqrt{2\pi}\sigma} e^{-\frac{(x-\mu)^2}{2\sigma^2}}\, dx = 1$$

問 4 $t = \dfrac{x-\mu}{\sqrt{2}\sigma}$ とおいて，置換積分と命題 5.3.3 より，上記の系を示せ.

問題 5.3

1. 次の重積分を 1 次変換により求めよ.

(1) $\displaystyle\iint_D x\,dx\,dy$　$D : 0 \leqq x - y \leqq 1,\ 0 \leqq x + 2y \leqq 1$

(2) $\displaystyle\iint_D (x + y)\,dx\,dy$　$D : 0 \leqq y + 2x \leqq 2,\ 0 \leqq y - 2x \leqq 2$

(3) $\displaystyle\iint_D (x + y)\sin(x - y)\,dx\,dy$　$D : 0 \leqq x - y \leqq \pi,\ 0 \leqq x + y \leqq \pi$

(4) $\displaystyle\iint_D \frac{2x - y}{x + y}\,dx\,dy$　$D : 1 \leqq x + y \leqq 2,\ 2 \leqq 2x - y \leqq 4$

(5) $\displaystyle\iint_D (x^2 - y^2)e^{-x-y}\,dx\,dy$　$D : 0 \leqq x - y \leqq 1,\ 0 \leqq x + y \leqq 1$

2. 次の重積分を極座標変換により求めよ.

(1) $\displaystyle\iint_D \frac{1}{x^2 + y^2}\,dx\,dy$　$D : 1 \leqq x^2 + y^2 \leqq 4$

(2) $\displaystyle\iint_D \frac{1}{(x^2 + y^2)^m}\,dx\,dy$　$D : 1 \leqq x^2 + y^2 \leqq 4\ (m > 1)$

(3) $\displaystyle\iint_D \log(x^2 + y^2)\,dx\,dy$　$D : 1 \leqq x^2 + y^2 \leqq 9$

(4) $\displaystyle\iint_D \frac{1}{1 + x^2 + y^2}\,dx\,dy$　$D : 2 \leqq x^2 + y^2 \leqq 3$

(5) $\displaystyle\iint_D y\,dx\,dy$　$D : x^2 + y^2 \leqq 2y$

ヒント：例題 3 を参照せよ.

3. 次の重積分を, $x + y = u,\ y = uv$ と変数変換することにより求めよ.

$$\iint_D e^{\frac{y-x}{y+x}}\,dx\,dy \quad D : x \geqq 0,\ y \geqq 0,\ \frac{1}{2} \leqq x + y \leqq 1$$

5.4 体積と曲面積

関数 $f(x, y)$ の領域 D における重積分は, $f(x, y) \geqq 0$ の場合, 曲面 $z = f(x, y)$ と底面 D の間にある柱状立体の体積であることは, 5.1 節の重積分の定義のところで述べた. 本節では, いくつかの立体の体積や曲面積を具体的に求めていく.

体積　はじめに, 基本的な体積の公式を確認する.

例題 1　半径 a の球の体積を, 重積分を用いて求めよ.

解答　半径 a の球面の方程式は $x^2 + y^2 + z^2 = a^2$ であり, 関数の形にすると,

$$\text{定義域 } D : x^2 + y^2 \leqq a^2$$
$$\text{関数 } z = \sqrt{a^2 - x^2 - y^2}$$

となる. これより, D 上で上記の関数を重積分した値を 2 倍すればよいので, 求める球の体積は次となる.

$$2 \iint_D \sqrt{a^2 - x^2 - y^2} \, dx \, dy$$

この重積分は 5.3 節の例題 2 で求めており, その値は $\dfrac{2\pi a^3}{3}$ であった. したがって, 求める球の体積は $\dfrac{4\pi a^3}{3}$ である.

例題 2　半径 a の 2 つの円柱体 $x^2 + y^2 \leqq a^2$, $y^2 + z^2 \leqq a^2$ の共通部分の体積を求めよ (図 5.14).

解答　xy 平面上の半径 a の円を底面とする円柱状で, 円柱 $y^2 + z^2 = a^2$ に切り取られる立体なので, 例題 1 と同様に考えると, 定義域と関数は以下となる.

$$\text{定義域 } D : x^2 + y^2 \leqq a^2$$
$$\text{関数 } z = \sqrt{a^2 - y^2}$$

したがって, 上記の関数を重積分して 2 倍すればよい.

領域 D を y の区間 $[-a, a]$ 上の y に関して単純な領域と考えて積分すると, 求める体積は

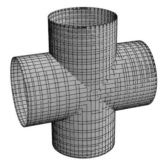

図 5.14　2 本の円柱

以下となる (問題 5.2 の 2 (5) 参照).

$$2\iint_D \sqrt{a^2 - y^2}\,dx\,dy = 2\int_{-a}^{a} dy \int_{-\sqrt{a^2-y^2}}^{\sqrt{a^2-y^2}} \sqrt{a^2 - y^2}\,dx$$

$$= 2\int_{-a}^{a} \left[x\sqrt{a^2 - y^2} \right]_{x=-\sqrt{a^2-y^2}}^{x=\sqrt{a^2-y^2}} dy = 4\int_{-a}^{a} (a^2 - y^2)\,dy$$

$$= 8\left[a^2 y - \frac{y^3}{3} \right]_0^a = 8\left(a^3 - \frac{a^3}{3} \right) = \frac{16a^3}{3}$$

> **問1**　次の不等式で表される立体を図示し，その体積を求めよ.
> $$x^2 + y^2 \leqq 1, \quad 0 \leqq z \leqq x^2 + y^2 + 1$$

曲面積　閉区間 $[a, b]$ で定義された C^1 級関数 $f(x)$ に対して，曲線 $y = f(x)$ の長さが次の式で与えられることは，3.6 節で学んだ (命題 3.6.2).

$$\int_a^b \sqrt{1 + f'(x)^2}\,dx$$

曲面積についても，この公式と同様の式が得られる.

定理 5.4.1（曲面の面積）

有界閉領域 D で定義された C^1 級関数 $f(x, y)$ に対して，曲面 $z = f(x, y)$ の面積は次の重積分で表される.

$$\iint_D \sqrt{1 + f_x^2 + f_y^2}\,dx\,dy$$

証明　領域 D の細分を Δ とし，小長方形の 1 つを D_{ij} とする．また，D_{ij} の中に 1 点 (a, b) をとり，$c = f(a, b)$ とする．このとき，点 (a, b, c) における曲面の接平面の方程式は，

$$z - c = f_x(a, b)(x - a) + f_y(a, b)(y - b) \tag{5.1}$$

である．この接平面において，D_{ij} に対応する部分を E_{ij} とする (図 5.15).
(5.1) より，

$$-f_x(a, b)(x - a) - f_y(a, b)(y - b) + z - c = 0$$

これは，次の 2 つのベクトル

$$\boldsymbol{n} = (-f_x(a, b),\ -f_y(a, b),\ 1) \quad \text{と} \quad \boldsymbol{p} = (x - a,\ y - b,\ z - c)$$

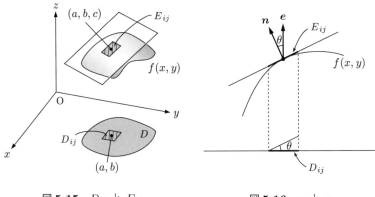

図 5.15　D_{ij} と E_{ij}　　　　　　図 5.16　n と e

が直交する (内積 = 0) ということである. しかも, p は接平面上のベクトルより, n は接平面と直交していることを意味する.

一方,

$$e = (0,\ 0,\ 1)$$

とおくと, e は z 軸上の単位ベクトルである (図 5.16). したがって, n と e のなす角を θ とすると,

$$(n, e) = |n||e|\cos\theta$$

であり, $(n, e) = 1$, $|n| = \sqrt{f_x(a,b)^2 + f_y(a,b)^2 + 1}$, $|e| = 1$ より,

$$\cos\theta = \frac{1}{\sqrt{f_x(a,b)^2 + f_y(a,b)^2 + 1}}$$

xy 平面と接平面のなす角は, 上記の θ に等しいので, E_{ij} と D_{ij} の面積について, 次の関係が成り立つ.

$$E_{ij} \cdot \cos\theta = D_{ij}$$

ここで, 長方形 D_{ij} の縦を Δx_i, 横を Δy_j とすると, $D_{ij} = \Delta x_i \Delta y_j$ より,

$$E_{ij} = \frac{1}{\cos\theta} D_{ij} = \sqrt{f_x(a,b)^2 + f_y(a,b)^2 + 1}\,\Delta x_i \Delta y_j$$

E_{ij} の総和は曲面積の近似であり, 求める面積は, 領域の細分を細かくしたときの極限である. したがって,

$$曲面積 = \lim_{\max(\Delta) \to 0} \sum_{i=1}^{n} \sum_{j=1}^{m} E_{ij} = \iint_D \sqrt{1 + f_x^2 + f_y^2}\, dx\, dy$$

例題 3　半径 a の球面の面積を求めよ.

解答　原点を中心とする半径 a の球面の上半分は，$z = \sqrt{a^2 - x^2 - y^2}$ であり，その定義域は，$D : x^2 + y^2 \leqq a^2$ である．また，

$$z_x = \frac{-x}{\sqrt{a^2 - x^2 - y^2}}, \quad z_y = \frac{-y}{\sqrt{a^2 - x^2 - y^2}}$$

である．したがって，求める面積は以下となる．

$$2 \iint_D \sqrt{1 + z_x^2 + z_y^2} \, dx \, dy = 2 \iint_D \frac{a}{\sqrt{a^2 - x^2 - y^2}} \, dx \, dy$$

$$= 2a \int_0^{2\pi} d\theta \int_0^a \frac{r}{\sqrt{a^2 - r^2}} \, dr = 4\pi a \left[- \sqrt{a^2 - r^2} \right]_0^a = 4\pi a^2$$

問 2　曲面 $z = x^2 + y^2$ の，領域 $D : x^2 + y^2 \leqq 1$ に対応する部分の面積を求めよ．

回転体の体積と表面積　領域を回転して得られる回転体の体積を考える．

定理 5.4.2 (回転体の体積)

連続関数 $y = f(x)$ $(a \leqq x \leqq b)$ のグラフと，直線 $x = a$, $x = b$ および x 軸で囲まれた領域を，x 軸のまわりに 1 回転してできる回転体の体積は，次の定積分で与えられる．

$$\pi \int_a^b f(x)^2 \, dx$$

解説

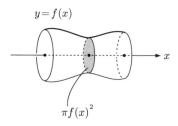

図 5.17　回転体の体積

　この立体を，ある点 x を通り，x 軸に垂直な平面で切った切り口は，半径 $|f(x)|$ の円となっている (図 5.17)．その面積は，$\pi f(x)^2$ であり，断面積を積分することにより立体の体積が得られるというカバリエリの原理から，成り立つ．

例題 4 $y = 1 - x^2$ と x 軸で囲まれた図形を，x 軸のまわりに 1 回転して得られる回転体の体積を求めよ．

解答

$$\pi \int_{-1}^{1} (1 - x^2)^2 \, dx = 2\pi \int_{0}^{1} (1 - 2x^2 + x^4) \, dx$$

$$= 2\pi \left[x - \frac{2}{3} x^3 + \frac{x^5}{5} \right]_0^1 = \frac{16\pi}{15}$$

問 3 半径 a の球の体積を，定理 5.4.2 を用いて求めよ．

次に回転体の表面積を考える．

定理 5.4.3 (回転面の面積)

C^1 級の曲線 $y = f(x)$ $(a \leqq x \leqq b)$ を x 軸のまわりに 1 回転してできる曲面の面積は，次の式で与えられる．

$$2\pi \int_{a}^{b} |f(x)| \sqrt{1 + f'(x)^2} \, dx$$

解説

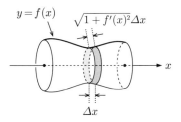

$y = f(x)$

$\sqrt{1 + f'(x)^2} \Delta x$

x

Δx

図 5.18 回転面の面積

被積分関数は，曲面積の冒頭で述べた曲線の長さの被積分関数に $2\pi |f(x)|$ を掛けた式となっている．しかも，この $2\pi |f(x)|$ は半径 $|f(x)|$ の円周の長さである．

したがって，長さ $\sqrt{1 + f'(x)^2} \Delta x$ の線分を幅とした帯状の図形の面積を足し合わせた値が近似値であり，その極限が面積となる (図 5.18)．

問 4 半径 a の球面の面積を，回転面の面積として求めよ．

問 5 $y = \sqrt{x}$ $(0 \leqq x \leqq 1)$ を x 軸のまわりに 1 回転してできる回転面の面積を求め，問 2 の結果と比較せよ．

問題 5.4

1. 次の不等式で表される立体の体積を求めよ.

(1) $x^2 + y^2 \leqq 1,\ 0 \leqq z \leqq x^2 - y^2 + 1$

(2) $x^2 + y^2 \leqq a^2,\ 0 \leqq z \leqq y \quad (a > 0)$

(3) $x^2 + y^2 \leqq 4,\ x^2 + y^2 + z^2 \leqq 9$

(4) $\dfrac{x^2}{a^2} + \dfrac{y^2}{b^2} + \dfrac{z^2}{c^2} \leqq 1 \quad (a, b, c > 0)$ （楕円体）

2. 次の不等式で表される立体の体積を求めよ.

(1) $(x - 1)^2 + y^2 \leqq 1,\ 0 \leqq z \leqq x^2 + y^2 + 1$

ヒント：5.3 節の例題 3 を参照せよ.

(2) $x^2 + y^2 \leqq z \leqq 2x$

ヒント：曲面 $z = x^2 + y^2$ と平面 $z = 2x$ の交わりに注目せよ.

3. 次の曲面の面積を求めよ.

(1) $z = xy$ の $x^2 + y^2 \leqq 4$ を満たす部分.

(2) $z = x^2 - y^2$ の $x^2 + y^2 \leqq 2$ を満たす部分.

(3) $y^2 + z^2 = a^2$ の $x^2 + y^2 \leqq a^2 \quad (a > 0)$ を満たす部分.

4. 次の領域を x 軸のまわりに 1 回転してできる回転体の体積を求めよ.

(1) $y = \sin x \quad (0 \leqq x \leqq \pi)$ と x 軸で囲まれる領域

(2) $y = x(1 - x) \quad (0 \leqq x \leqq 1)$ と x 軸で囲まれる領域

(3) $y = \dfrac{1}{2}x \quad (0 \leqq x \leqq 2a)$ と x 軸および直線 $x = 2a$ で囲まれる領域

(4) 円板 $x^2 + (y - b)^2 \leqq a^2 \quad (0 < a < b)$

5. 次の曲線を x 軸のまわりに 1 回転してできる回転面の面積を求めよ.

(1) $y = \sin x \quad (0 \leqq x \leqq \pi)$

(2) $x^2 + (y - b)^2 = a^2 \quad (0 < a < b)$

5.5 ガンマ関数とベータ関数

3.5 節で，ガンマ関数とベータ関数を紹介した．それらは特殊関数と呼ばれるものの一種で，本書で主に扱う初等関数の範囲には含まれないが，応用上重要な関数であるので，この節で再度取り上げる．

まず，これらの関数の定義を思い出そう．

ガンマ関数　　$\Gamma(s) = \displaystyle\int_0^\infty e^{-x} x^{s-1}\, dx \quad (s > 0)$

ベータ関数　　$B(p, q) = \displaystyle\int_0^1 x^{p-1}(1-x)^{q-1}\, dx \quad (p > 0,\ q > 0)$

ガンマ関数の定義式は無限区間の積分であるので広義積分であり，また，被積分関数に含まれる s が $0 < s < 1$ の範囲であれば $+0$ においても広義積分である．ベータ関数の定義においても p または q が 1 よりも小さければ広義積分である．

命題 5.5.1 (ガンマ関数の基本性質)

(1) $\Gamma(s+1) = s\Gamma(s)$

(2) $\Gamma(1) = 1$, $\Gamma(n) = (n-1)!$ （n：正整数）

(3) $\Gamma\left(\dfrac{1}{2}\right) = \sqrt{\pi}$

証明　(1) $\Gamma(s+1) = \displaystyle\int_0^\infty e^{-x} x^s\, dx$

$$= \Big[-e^{-x}x^s\Big]_0^\infty - \int_0^\infty (-e^{-x})sx^{s-1}\, dx = -\lim_{x\to\infty}\frac{x^s}{e^x} + s\int_0^\infty e^{-x}x^{s-1}\, dx$$

$$= s\int_0^\infty e^{-x}x^{s-1}\, dx = s\Gamma(s) \quad \text{(極限の計算はロピタルの定理を用いた)}$$

(2) $\Gamma(1) = 1$ は第 3 章例 3 で計算済み．$\Gamma(n) = (n-1)!$ は問 1 とする．

(3) 命題 5.3.3 より，次が成り立つ．

$$\int_0^\infty e^{-x^2}\, dx = \frac{\sqrt{\pi}}{2}$$

左辺の広義積分において $x^2 = u$ と置換積分すると，$2x\, dx = du$ より，$dx =$

$\dfrac{1}{2\sqrt{u}}\,du = \dfrac{u^{-\frac{1}{2}}}{2}\,du$. これを上式に代入すると，

$$\frac{1}{2}\int_0^\infty e^{-u}u^{-\frac{1}{2}}\,du = \frac{\sqrt{\pi}}{2}$$

より，求める等式を得る.

問 1　命題 5.5.1 (2) の $\Gamma(n) = (n-1)!$ を示せ.

問 2　次の等式を示せ (命題 5.5.1 (3) と同様の置換積分を行う).

$$\int_0^\infty e^{-x^2}x^{2p-1}\,dx = \frac{1}{2}\Gamma(p) \quad (p > 0)$$

例題 1　(ガンマ関数で表される積分)　次の等式を示せ.

$$\int_0^\infty e^{-ax^b}\,dx = a^{-\frac{1}{b}}\Gamma\left(1 + \frac{1}{b}\right) \quad (a > 0,\ b > 0)$$

解答　$ax^b = u$ とおいて置換積分すると，$abx^{b-1}\,dx = du$ より，

$$\int_0^\infty e^{-ax^b}\,dx = \int_0^\infty e^{-u}\frac{x^{1-b}}{ab}\,du$$

$$= \int_0^\infty e^{-u}\frac{\left(\left(\frac{u}{a}\right)^{\frac{1}{b}}\right)^{1-b}}{ab}\,du = \int_0^\infty e^{-u}\frac{\left(\frac{u}{a}\right)^{\frac{1}{b}-1}}{ab}\,du$$

$$= \frac{a^{-\frac{1}{b}}}{b}\int_0^\infty e^{-u}u^{\frac{1}{b}-1}\,du = a^{-\frac{1}{b}}\frac{1}{b}\Gamma\left(\frac{1}{b}\right) = a^{-\frac{1}{b}}\Gamma\left(1 + \frac{1}{b}\right)$$

例題 2　(ベータ関数で表される積分)　次の等式を示せ.

(1) $B(p,q) = 2\displaystyle\int_0^{\frac{\pi}{2}} \sin^{2p-1}\theta\cos^{2q-1}\theta\,d\theta \quad (p > 0,\ q > 0)$

(2) $\displaystyle\int_0^{\frac{\pi}{2}} \sin^a x\cos^b x\,dx = \frac{1}{2}B\left(\frac{a+1}{2}, \frac{b+1}{2}\right) \quad (a > -1,\ b > -1)$

解答　(1) ベータ関数 $B(p,q)$ の定義の式で $x = \sin^2\theta$ と置換積分すると，$dx = 2\sin\theta\cos\theta\,d\theta$ より，以下を得る.

$$B(p,q) = \int_0^{\frac{\pi}{2}} (\sin^2\theta)^{p-1}(1-\sin^2\theta)^{q-1}2\sin\theta\cos\theta\,d\theta$$

$$= 2\int_0^{\frac{\pi}{2}} \sin^{2p-1}\theta\cos^{2q-1}\theta\,d\theta$$

(2) $a = 2p - 1$, $b = 2q - 1$ とおくと, (1) より,

$$\int_0^{\frac{\pi}{2}} \sin^a x \cos^b x \, dx = \int_0^{\frac{\pi}{2}} \sin^{2p-1} x \cos^{2q-1} x \, dx$$

$$= \frac{1}{2} B(p, q) = \frac{1}{2} B\left(\frac{a+1}{2}, \frac{b+1}{2} \right)$$

定理 5.5.2 (ガンマ関数とベータ関数の関係)

$p > 0$, $q > 0$ に対して次の等式が成り立つ.

$$B(p, q) = \frac{\Gamma(p)\Gamma(q)}{\Gamma(p + q)}$$

証明 正の数 k に対して命題 5.3.3 の証明と同様に, 領域 D_k, E_k を次のように定める.

$$D_k = \{(x, y) \mid 0 \leqq x \leqq k,\ 0 \leqq y \leqq k\}$$

$$E_k = \{(x, y) \mid x^2 + y^2 \leqq k^2,\ 0 \leqq x,\ 0 \leqq y\}$$

このとき,

$$E_k \subset D_k \subset E_{\sqrt{2}k}$$

である (図 5.13). ここで, 次の関数を考える.

$$f(x, y) = 4e^{-x^2 - y^2} x^{2p-1} y^{2q-1}$$

この関数を, 上記の領域で重積分すると, 以下の不等式が得られる.

$$\iint_{E_k} f(x, y) \, dx \, dy \leqq \iint_{D_k} f(x, y) \, dx \, dy \leqq \iint_{E_{\sqrt{2}k}} f(x, y) \, dx \, dy$$

具体的に重積分を計算すると, 以下を得る.

$$\iint_{D_k} f(x, y) \, dx \, dy = \left(2\int_0^k e^{-x^2} x^{2p-1} \, dx \right) \left(2\int_0^k e^{-x^2} x^{2q-1} \, dx \right)$$

$$\to \Gamma(p)\Gamma(q) \quad (k \to \infty) \quad (\text{ここで, 問 2 の結果を用いた.})$$

$$\iint_{E_k} f(x, y) \, dx \, dy = 4 \iint_{E_k} e^{-x^2 - y^2} x^{2p-1} y^{2q-1} \, dx \, dy$$

$$= 4 \iint_{0 \leqq r \leqq k,\ 0 \leqq \theta \leqq \frac{\pi}{2}} e^{-r^2} (r \cos \theta)^{2p-1} (r \sin \theta)^{2q-1} r \, dr \, d\theta$$

$$= \left(2\int_0^k e^{-r^2} r^{2p+2q-1} \, dr \right) \left(2\int_0^{\frac{\pi}{2}} \cos^{2p-1} \theta \sin^{2q-1} \theta \, d\theta \right)$$

$$\to \Gamma(p+q)B(p,q) \quad (k \to \infty)$$

$$(\text{ここで, 問 2 の結果と例題 2(1) を用いた.})$$

同様に

$$\iint_{E_{\sqrt{2}k}} f(x,y)\,dx\,dy \to \Gamma(p+q)B(p,q) \quad (k \to \infty)$$

以上から, はさみうちの原理を用いて,

$$\Gamma(p)\Gamma(q) = \Gamma(p+q)B(p,q)$$

が得られ, 定理の等式が証明された.

問 3 例題 2 (2), 定理 5.5.2, 命題 5.5.1 を用いて, 次の積分を求めよ.

$$\int_0^{\frac{\pi}{2}} \sin^5 x \cos^7 x\,dx$$

例題 3 m, n を正の整数とし, $b > a$ とすると, 次が成り立つ.

$$\int_a^b (x-a)^m (x-b)^n\,dx = (-1)^n (b-a)^{m+n+1} \frac{m!\,n!}{(m+n+1)!}$$

解答

$$\int_a^b (x-a)^m (x-b)^n\,dx = \int_0^{b-a} t^m (t-(b-a))^n\,dt$$

$$= (b-a)^{m+n+1} \int_0^{b-a} \left(\frac{t}{b-a}\right)^m \left(\frac{t}{b-a} - 1\right)^n \frac{dt}{b-a}$$

$$= (-1)^n (b-a)^{m+n+1} B(m+1, n+1)$$

$$= (-1)^n (b-a)^{m+n+1} \frac{\Gamma(m+1)\Gamma(n+1)}{\Gamma(m+n+2)}$$

$$= (-1)^n (b-a)^{m+n+1} \frac{m!\,n!}{(m+n+1)!}$$

例題 4 $a > b > 0$ とすると, 次が成り立つ.

$$\int_0^\infty \frac{x^{b-1}}{1+x^a}\,dx = \frac{1}{a} B\left(\frac{b}{a}, 1 - \frac{b}{a}\right) = \frac{1}{a} \Gamma\left(\frac{b}{a}\right) \Gamma\left(1 - \frac{b}{a}\right)$$

証明 $t = \dfrac{1}{1+x^a}$ とおくと,

$$x = \left(\frac{1}{t} - 1\right)^{\frac{1}{a}}, \quad dx = -\frac{1}{a} \left(\frac{1}{t} - 1\right)^{\frac{1}{a} - 1} \frac{dt}{t^2}$$

したがって,

$$\int_0^\infty \frac{x^{b-1}}{1+x^a}\, dx = -\int_1^0 \left(\frac{1}{t}-1\right)^{\frac{b-1}{a}} t\, \frac{1}{a}\left(\frac{1}{t}-1\right)^{\frac{1}{a}-1} \frac{dt}{t^2}$$

$$= \frac{1}{a}\int_0^1 \left(\frac{1-t}{t}\right)^{\frac{b-1}{a}} \left(\frac{1-t}{t}\right)^{\frac{1}{a}-1} \frac{dt}{t}$$

$$= \frac{1}{a}\int_0^1 (1-t)^{\frac{b}{a}-1} t^{-\frac{b}{a}}\, dt$$

$$= \frac{1}{a} B\left(\frac{b}{a},\, 1-\frac{b}{a}\right) = \frac{1}{a} \Gamma\left(\frac{b}{a}\right) \Gamma\left(1-\frac{b}{a}\right)$$

　例題 2 (2) において, a または b を 0 とし, 定理 5.5.2 と命題 5.5.1 を用いると, 次の命題が得られる. これは 3.4 節で示した命題である. 証明は節末問題とする.

命題 5.5.3 (命題 3.4.3)

$$\int_0^{\frac{\pi}{2}} \sin^n x\, dx = \int_0^{\frac{\pi}{2}} \cos^n x\, dx$$

$$\int_0^{\frac{\pi}{2}} \sin^n x\, dx = \begin{cases} \dfrac{(n-1)}{n}\dfrac{(n-3)}{(n-2)}\dfrac{(n-5)}{(n-4)}\cdots\dfrac{1}{2}\dfrac{\pi}{2} & (n>1:\text{偶数}) \\[2ex] \dfrac{(n-1)}{n}\dfrac{(n-3)}{(n-2)}\dfrac{(n-5)}{(n-4)}\cdots\dfrac{2}{3} & (n>1:\text{奇数}) \end{cases}$$

問題 5.5

1. ガンマ関数・ベータ関数を用いて, 次の値を求めよ.

   (1) $\displaystyle\int_0^{\frac{\pi}{2}} \sin^9\theta \cos^3\theta\, d\theta$　　(2) $\displaystyle\int_0^{\frac{\pi}{2}} \sin^4\theta \cos^6\theta\, d\theta$

   (3) $\displaystyle\int_0^{\frac{\pi}{2}} \sin^4\theta \cos^5\theta\, d\theta$　　(4) $\displaystyle\int_0^{\frac{\pi}{2}} \sin^4\theta \cos^4\theta\, d\theta$

2. ガンマ関数・ベータ関数を用いて, 次の値を求めよ.

   ヒント : ( ) 内に示した置換積分を行う.

(1) $\displaystyle\int_0^1 \frac{x^5}{\sqrt{1-x^4}}\,dx \quad (x^4 = t)$　　(2) $\displaystyle\int_{-1}^1 \left(1-x^2\right)^5\,dx \quad (x^2 = t)$

(3) $\displaystyle\int_0^\infty e^{-x^2}x^2\,dx \quad (x^2 = t)$　　(4) $\displaystyle\int_0^\infty e^{-\sqrt{x}}x^2\,dx \quad (\sqrt{x} = t)$

3. 次の積分をガンマ関数を用いて表せ.

ヒント：( ) 内に示した置換積分を行う.

(1) $\displaystyle\int_{-\infty}^\infty \frac{dx}{(1+x^2)^p} \quad \left(p > \frac{1}{2}\right) \quad \left(\frac{1}{x^2+1} = t\right)$

(2) $\displaystyle\int_0^1 \frac{dx}{\sqrt{1-x^4}} \quad (x^4 = t)$

(3) $\displaystyle\int_0^1 x^{a-1}\left(\log\frac{1}{x}\right)^{b-1}\,dx \quad (a > 0,\ b > 0) \quad \left(\log\frac{1}{x} = t\right)$

4. 例題 2 (2), 定理 5.5.2 および命題 5.5.1 を用いて, 命題 5.5.3 を示せ.

5. 次の等式を示せ.

$$B(p,q) = \int_0^\infty \frac{u^{p-1}}{(1+u)^{p+q}}\,du \quad (p > 0,\ q > 0)$$

ヒント：$x = \dfrac{u}{1+u}$ として置換積分.

6. 次の等式を示せ.

$$\frac{1}{r}B\left(\frac{1}{r},\ s-\frac{1}{r}\right) = \int_0^\infty \frac{dv}{(1+v^r)^s} \quad (r > 0,\ rs > 1)$$

ヒント：問題 5 を用いて $u = v^r$ として置換積分.

第6章　　　　　　　　微分方程式

本章では，1階微分方程式に関する求積法の幾つかと，定数係数の2階線形微分方程式の解法について述べる.

6.1　1階微分方程式

はじめに，次の問題を考える.

例題1　高さ $490\,\mathrm{m}$ のビルの屋上から石を落とす. 落としてから t 秒後の石の速度は $9.8t\,\mathrm{m}/$秒である. 石が地上に着くのは，落としてから何秒後か.

解答　落としてから t 秒間に落ちた距離を $f(t)\,\mathrm{m}$ とすると，次が成り立つ.

$$f'(t) = 9.8t \tag{6.1}$$

この両辺を積分すると $f(t) = 4.9t^2 + C$ であり，$t = 0$ のとき $f(0) = 0$ より，$C = 0$ である. したがって $f(t) = 4.9t^2$ であり，地上に着くのは $f(t) = 490$ となるときなので，$4.9t^2 = 490$ が成り立つ. これより，$t^2 = 100$ であり，$t > 0$ より $t = 10$. すなわち，10 秒後.

上記 (6.1) のように，関数の微分を含む等式を**微分方程式**という. また，その微分方程式を満たす関数を**解**という.

問1　次の微分方程式に対して，( ) 内の関数が解となっていることを確認せよ.
(1) $y' - y = x\ (y = e^x - x - 1)$　　(2) $y'' - 3y' + 2y = 0\ (y = 3e^x - 2e^{2x})$

一般に，微分の最高次数が n 次である微分方程式を，**n 階微分方程式**という. 問1における (1) は1階微分方程式，(2) は2階微分方程式である. ここで，次の微分方程式を考えよう.

$$y'' = 2x \tag{6.2}$$

両辺を積分すると，$y' = x^2 + C_1$ となる．さらに積分すると次を得る．

$$y = \frac{x^3}{3} + C_1 x + C_2 \quad (C_1,\ C_2は任意定数)$$

この 3 次関数が，微分方程式 (6.2) の解であるが，任意定数を 2 つ含んでいる．

一般に，n 階微分方程式に対して，任意定数を n 個含む解を，**一般解**という．また，一般解の任意定数にある値を入れた解を，**特殊解**という．問 1 の解はいずれも特殊解である．

例題 2　次の微分方程式の一般解を求めよ．また，$x = 0$ のとき $y = \sqrt{3}$ を満たす特殊解を求めよ．

$$y' = ay \quad (a \neq 0)$$

解答　$\dfrac{dy}{dx} = ay$ より，$\dfrac{1}{y} \dfrac{dy}{dx} = a$．両辺を x で積分すると，$\displaystyle\int \dfrac{dy}{y} = \int a\,dx$.

したがって，$\log|y| = ax + C'$ より，$|y| = e^{ax + C'}$ であり，$y = \pm e^{ax + C'}$.
ここで，$C = \pm e^{C'}$ とおくと，次の一般解を得る．

$$y = Ce^{ax} \quad (C は任意定数)$$

また，$x = 0$ のとき $y = C$ より，求める特殊解は $y = \sqrt{3}e^{ax}$.

上記の例題における，$x = 0$ のとき $y = \sqrt{3}$ などの条件を，**初期条件**という．与えられた初期条件を満たす特殊解を求めることを**初期値問題**という．

以下で，いくつかの 1 階微分方程式の解法を示す．

変数分離形　次の形の微分方程式を変数分離形の微分方程式という．

$$\frac{dy}{dx} = f(x)g(y)$$

この微分方程式の両辺を $g(y)$ で割り x で積分すると，

$$\int \frac{1}{g(y)} \frac{dy}{dx}\,dx = \int f(x)\,dx$$

が得られる．左辺は置換積分法によって $\displaystyle\int \frac{dy}{g(y)}$ となるので，変数分離形の

微分方程式の一般解は次となる.

$$\int \frac{dy}{g(y)} = \int f(x)\,dx + C$$

例題 3 $xy' - 2(y - 1) = 0$ の一般解を求めよ.

解答　　与式を変形すると, $\dfrac{dy}{dx} = \dfrac{2(y-1)}{x}$ となる. 変数分離形より,

$$\frac{1}{y-1}\frac{dy}{dx} = \frac{2}{x} \quad \text{として} \quad \int \frac{dy}{y-1} = \int \frac{2}{x}\,dx \quad \text{を得る.}$$

積分の計算を実行すると,

$$\log|y-1| = 2\log|x| + C' = \log x^2 + \log e^{C'} = \log\left(e^{C'}x^2\right)$$

よって, $y - 1 = \pm e^{C'}x^2$ であり, $\pm e^{C'} = C$ とおくと, 次の一般解を得る.

$$y = Cx^2 + 1 \quad (C \text{ は任意定数})$$

問 2　次の微分方程式の一般解を求めよ.
　(1) $xy' + y = 0$　　　(2) $y' + y^2 = 0$

同次形　　次の形の微分方程式を同次形の微分方程式という.

$$\frac{dy}{dx} = f\left(\frac{y}{x}\right)$$

この場合, $\dfrac{y}{x} = z$ とおく. $y = xz$ より, 両辺を x で微分して,

$$\frac{dy}{dx} = z + x\frac{dz}{dx}$$

を得る. よって,

$$z + x\frac{dz}{dx} = f(z) \quad \text{より} \quad \frac{dz}{dx} = \frac{f(z) - z}{x}$$

これは x と z の変数分離形であり, 両辺を $f(z) - z$ で割ると次を得る.

$$\frac{dz}{f(z) - z} = \frac{dx}{x}$$

したがって, 同次形の微分方程式の一般解は次となる.

$$\int \frac{dz}{f(z) - z} = \log|x| + C$$

例題 4　次の微分方程式の一般解を求めよ.

$$2xyy' = x^2 + y^2$$

解答　与式の両辺を $2xy$ で割ると

$$\frac{dy}{dx} = \frac{\frac{x}{y} + \frac{y}{x}}{2} = \frac{1 + \left(\frac{y}{x}\right)^2}{2\frac{y}{x}}$$

これは同次形である. $\dfrac{y}{x} = z$ とおくと, $y' = z + xz'$ より,

$$z + x\frac{dz}{dx} = \frac{1 + z^2}{2z}$$

右辺に z を移項すると $x\dfrac{dz}{dx} = \dfrac{1 + z^2}{2z} - z = \dfrac{1 - z^2}{2z}$ より,

$$\frac{2z}{1 - z^2}\frac{dz}{dx} = \frac{1}{x}$$

であり,

$$-\int \frac{2z}{z^2 - 1}\,dz = \int \frac{dx}{x}$$

となる.

　積分の計算を実行すると,

$$-\log|z^2 - 1| = \log|x| + C'$$

より,

$$\log|z^2 - 1| + \log|x| = -C'$$

であり,

$$\log\left|\frac{y^2 - x^2}{x}\right| = -C'$$

を得る.

　したがって,

$$\frac{y^2 - x^2}{x} = \pm e^{-C'}$$

であり, 次の一般解を得る.

$$y^2 - x^2 = Cx \quad (C \text{ は任意定数})$$

問 3　$y' = \dfrac{x + y}{x - y}$ の一般解を求めよ.

1 階線形微分方程式　　次の形の微分方程式を，**1 階線形微分方程式**という．

$$y' + p(x)y = q(x)$$

特に，$q(x) = 0$ の場合，次の形を**同次微分方程式**という．

$$y' + p(x)y = 0$$

同次微分方程式は $y' = -p(x)y$ より，変数分離形である．上記の 1 階線形微分方程式を解くために，**定数変化法**と呼ばれる手法を用いるが，まず，次の例題を考える．

例題 5　$y' - y = e^{-x}$ の一般解を求めよ．

解答　はじめに，右辺を 0 で置き換えた同次微分方程式 $y' - y = 0$ を解く．これは例題 2 における $a = 1$ の場合であり，下記の一般解が得られる．

$$y = Ce^x \quad (C \text{ は任意定数})$$

次に，上記の一般解における定数 C を関数 $C(x)$ と見なして，与式に代入する．すなわち，

$$y = C(x)e^x, \qquad y' = C'(x)e^x + C(x)e^x$$

を与式に代入すると，

$$C'(x)e^x + C(x)e^x - C(x)e^x = e^{-x} \quad \text{より} \quad C'(x)e^x = e^{-x}$$

したがって，$C(x)$ について次を得る．

$$C'(x) = e^{-2x}$$

これを積分すると，$C(x) = -\dfrac{1}{2}e^{-2x} + C$ より，$y = C(x)e^x$ に代入して，次の一般解を得る．

$$y = -\frac{1}{2}e^{-x} + Ce^x \quad (C \text{ は任意定数})$$

問 4　$y = -\dfrac{1}{2}e^{-x} + Ce^x$ が $y' - y = e^{-x}$ の解であることを確認せよ．

例題 5 の方法をまとめると，$y' + p(x)y = q(x)$ は，次の手順に従って解くことができる．

(i)　同次微分方程式　$y' + p(x)y = 0$　の一般解を求める．

(ii)　(i) で求めた一般解における任意定数 C を x の関数 $C(x)$ とおき，与式に代入して $C(x)$ を求め，一般解を得る．

注意　定数を関数と見なして変化させることから, 定数変化法という名称がついている.

▎**問 5**　次の微分方程式の一般解を求めよ.

(1) $y' + y = e^{-x}$　　　(2) $y' + \dfrac{y}{x} = x + 1$

これまでの議論により, 1 階線形微分方程式はその解法が確立されており, 次のように公式の形にまとめられる.

定理 6.1.1 (1 階線形微分方程式の解法)

1 階線形微分方程式

$$y' + p(x)y = q(x)$$

の一般解は次の式で与えられる.

$$y = e^{-\int p(x)\,dx}\left(\int q(x)e^{\int p(x)\,dx}\,dx + C\right) \quad (C \text{ は任意定数})$$

証明　(i) 与式の右辺を 0 で置き換えた次の同次微分方程式を解く.

$$y' + p(x)y = 0$$

これは変数分離形より, $\dfrac{1}{y}\dfrac{dy}{dx} = -p(x)$ となる. 両辺を積分すると,

$$\log|y| = -\int p(x)\,dx + C'$$

より, 次の解を得る.

$$y = Ce^{-\int p(x)\,dx} \quad (C \text{ は任意定数})$$

(ii) この解の任意定数 C を x の関数 $C(x)$ と見なして

$$y = C(x)e^{-\int p(x)\,dx} \tag{6.3}$$

とし, 両辺を x で微分すると,

$$y' = C'(x)e^{-\int p(x)\,dx} - p(x)C(x)e^{-\int p(x)\,dx}$$

y と y' を与式に代入してまとめると, 次を得る.

$$C'(x) = q(x)e^{\int p(x)\,dx}$$

両辺を積分すると,

$$C(x) = \int q(x)e^{\int p(x)\,dx}dx + C$$

であり, これを (6.3) に代入して, 定理の一般解が得られる.

問6 微分方程式 $y' - ay = q(x)$ の一般解は次で与えられることを示せ.

$$y = e^{ax} \int q(x)e^{-ax}\,dx + Ce^{ax} \quad (C \text{ は任意定数})$$

問題 6.1

1. 次の微分方程式の一般解を求めよ.

(1) $y' = x^2 y$ (2) $(1+x^2)y' = \dfrac{x}{y}$ (3) $xy' + y = 2xy$

(4) $y' = \dfrac{y}{x(x+1)}$ (5) $y' = \dfrac{1+y}{1-x}$ (6) $y' + (1+e^x)e^y = 0$

2. 次の微分方程式を, ( ) 内の初期条件のもとで解け.

(1) $y' - xy = x \quad (x=0,\ y=3)$

(2) $xy^2 y' - x + 1 = 0 \quad (x=1,\ y=3)$

3. 次の微分方程式の一般解を求めよ.

(1) $y' = \dfrac{2x-y}{x}$ (2) $y' = \dfrac{x-y}{x+y}$

(3) $y' = \dfrac{y^2-x^2}{xy}$ (4) $y' = -\dfrac{x+2y}{y}$

4. 次の微分方程式の一般解を求めよ.

(1) $y' - y = e^{2x}$ (2) $y' - \dfrac{2y}{x} = x+2$ (3) $y' + 2xy = x$

(4) $xy' - y = x$ (5) $xy' + y = x \log x$ (6) $xy' + 2y = \sin x$

5. 次の微分方程式をベルヌーイの微分方程式という.

$$y' + p(x)y = q(x)y^m \quad (m:\text{整数},\ m \neq 0,\ m \neq 1)$$

$z = y^{1-m}$ とおくと, z の1階線形微分方程式になることを示せ.

6. 問題5の置き換えを用いて, 次の微分方程式の一般解を求めよ.

(1) $y' - y = xy^2$ (2) $y' - 2y = e^{2x}y^3$ (3) $y' + y = xy^3$

6.2 定数係数 2 階線形微分方程式

本節では，a, b を定数として，次の形の微分方程式を考える.

$$y'' + ay' + by = p(x) \tag{6.4}$$

この形を，**定数係数 2 階線形微分方程式**という.

同次微分方程式　はじめに，上記の微分方程式において右辺の $p(x)$ を 0 で置き換えた，次の形を考える.

$$y'' + ay' + by = 0 \tag{6.5}$$

これを，**同次微分方程式**という.

命題 6.2.1 (同次微分方程式の解の線形性)

2 つの関数 y_1 と y_2 が (6.5) の解ならば，その 1 次結合

$$y = C_1 y_1 + C_2 y_2 \quad (C_1, C_2 \text{ は任意定数})$$

も解である.

証明　1 次結合を (6.5) の左辺に代入すると，

$$y'' + ay' + by = (C_1 y_1 + C_2 y_2)'' + a(C_1 y_1 + C_2 y_2)' + b(C_1 y_1 + C_2 y_2)$$
$$= C_1(y_1'' + ay_1' + by_1) + C_2(y_2'' + ay_2' + by_2) = C_1 \cdot 0 + C_2 \cdot 0 = 0$$

より，解となる. ∎

ここで，指数関数 e^x を複素数の範囲まで拡張することを考える. そのために，2.4 節の例 2 のマクローリン展開を思い出そう.

定義　i を虚数単位，x を実数とするとき，e^{ix} を次のように定める.

$$e^{ix} = 1 + \frac{ix}{1!} + \frac{(ix)^2}{2!} + \frac{(ix)^3}{3!} + \frac{(ix)^4}{4!} + \frac{(ix)^5}{5!} + \cdots$$

これが e^{ix} の定義であり，このとき次が成り立つ.

命題 6.2.2 (オイラーの関係式)

$$e^{ix} = \cos x + i \sin x$$

証明　上記の定義と, 2.4 節の例 2 における $\sin x$ と $\cos x$ のマクローリン展開を用いて, 以下のような式変形により関係式を得る.

$$e^{ix} = 1 + \frac{ix}{1!} + \frac{(ix)^2}{2!} + \frac{(ix)^3}{3!} + \frac{(ix)^4}{4!} + \frac{(ix)^5}{5!} + \cdots$$

$$= 1 + i\frac{x}{1!} + i^2\frac{x^2}{2!} + i^3\frac{x^3}{3!} + i^4\frac{x^4}{4!} + i^5\frac{x^5}{5!} + \cdots$$

$$= 1 + i\frac{x}{1!} - \frac{x^2}{2!} - i\frac{x^3}{3!} + \frac{x^4}{4!} + i\frac{x^5}{5!} + \cdots$$

$$= \left(1 - \frac{x^2}{2!} + \frac{x^4}{4!} + \cdots\right) + i\left(x - \frac{x^3}{3!} + \frac{x^5}{5!} + \cdots\right)$$

$$= \cos x + i \sin x$$

オイラーの関係式において $x = \pi$ とすると, 次が成り立つ.

$$e^{i\pi} + 1 = 0$$

これは, e と i と π を結ぶ極めて美しい等式として知られている. 一般の複素数の指数については, α, β を実数として次のように定められる.

$$e^{\alpha + i\beta} = e^{\alpha}(\cos\beta + i\sin\beta)$$

このように定義すると, 複素数の指数についても, 指数関数の微分法および指数法則が成り立つ. すなわち, x を実数, λ, z_1, z_2 を複素数とすると, 次が成り立つ. 証明は省略する.

$$\left(e^{\lambda x}\right)' = \lambda e^{\lambda x} \tag{6.6}$$

$$e^{z_1 + z_2} = e^{z_1} e^{z_2} \tag{6.7}$$

同次微分方程式 (6.5) に対して, 次の 2 次方程式を, **特性方程式**という.

$$t^2 + at + b = 0 \tag{6.8}$$

> **命題 6.2.3**
>
> λ が特性方程式 (6.8) の解ならば,次は同次微分方程式 (6.5) の解である.
>
> $$y = e^{\lambda x}$$

証明 $e^{\lambda x}$ を (6.5) の左辺に代入すると,(6.6) より,

$$y'' + ay' + by = (e^{\lambda x})'' + a(e^{\lambda x})' + be^{\lambda x}$$
$$= \lambda^2 e^{\lambda x} + a\lambda e^{\lambda x} + be^{\lambda x} = (\lambda^2 + a\lambda + b\lambda)e^{\lambda x} = 0 \cdot e^{\lambda x} = 0 \quad \blacksquare$$

同次微分方程式の一般解は,以下のように記述される.

> **定理 6.2.4**
>
> 定数係数 2 階線形同次微分方程式
>
> $$y'' + ay' + by = 0 \tag{6.5}$$
>
> は,次の一般解をもつ.
>
> (1) 特性方程式が異なる 2 つの実数解 α, β をもつとき,
>
> $$y = C_1 e^{\alpha x} + C_2 e^{\beta x} \quad (C_1, C_2 \text{ は任意定数})$$
>
> (2) 特性方程式が重解 α をもつとき,
>
> $$y = C_1 e^{\alpha x} + C_2 x e^{\alpha x} \quad (C_1, C_2 \text{ は任意定数})$$
>
> (3) 特性方程式が異なる 2 つの複素数解 $\alpha + i\beta$, $\alpha - i\beta$ をもつとき,
>
> $$y = C_1 e^{\alpha x} \cos \beta x + C_2 e^{\alpha x} \sin \beta x \quad (C_1, C_2 \text{ は任意定数})$$

証明 (1) 命題 6.2.3 より,$y_1 = e^{\alpha x}$,$y_2 = e^{\beta x}$ はともに,(6.5) の解である.また,命題 6.2.1 より,$y = C_1 e^{\alpha x} + C_2 e^{\beta x}$ も解である.しかも,$\alpha \neq \beta$ より,y_1 と y_2 は互いに定数倍にならない.したがって,この y が一般解である.

(2) 命題 6.2.3 より,$y_1 = e^{\alpha x}$ は,(6.5) の解である.また,α が (6.8) の重解であることから,$y_2 = x e^{\alpha x}$ も (6.5) の解である(問 1).したがって,命題 6.2.1 より,$y = C_1 e^{\alpha x} + C_2 x e^{\alpha x}$ も解であり,(1) と同様の理由で一般解である.

(3) 命題 6.2.3 より,

$$y_1 = e^{(\alpha + i\beta)x} = e^{\alpha x}e^{i\beta x} = e^{\alpha x}(\cos \beta x + i \sin \beta x),$$

$$y_2 = e^{(\alpha - i\beta)x} = e^{\alpha x}e^{-i\beta x} = e^{\alpha x}(\cos \beta x - i \sin \beta x)$$

はともに, (6.5) の解である. 命題 6.2.1 より,

$$y_3 = \frac{1}{2}(y_1 + y_2) = e^{\alpha x} \cos \beta x$$

$$y_4 = \frac{1}{2i}(y_1 - y_2) = e^{\alpha x} \sin \beta x$$

も解である. したがって, 命題 6.2.1 より

$$y = C_1 y_3 + C_2 y_4 = C_1 e^{\alpha x} \cos \beta x + C_2 e^{\alpha x} \sin \beta x$$

が一般解である.

問 1 上記証明の (2) において, $y_2 = xe^{\alpha x}$ が (6.5) の解であることを確認せよ.

問 2 次の微分方程式の一般解を求めよ.

  (1) $y'' + y' - 6y = 0$ (2) $y'' - 4y' + 4y = 0$ (3) $y'' + 6y' + 11y = 0$

非同次微分方程式   本節の冒頭で紹介した, 一般の定数係数 2 階線形微分方程式 (6.4) を考える. これは, 同次微分方程式に対して, **非同次微分方程式**と呼ばれる.

定理 6.2.5

$y(x)$ を, 同次微分方程式

$$y'' + ay' + by = 0 \tag{6.5}$$

の一般解とする. また, $y_0(x)$ を, 非同次微分方程式

$$y'' + ay' + by = p(x) \tag{6.4}$$

の 1 つの解(特殊解)とする. このとき (6.4) の一般解は, それらの和

$$y(x) + y_0(x)$$

である.

証明 $y(x) + y_0(x)$ を (6.4) の左辺に代入する.

$$(y(x) + y_0(x))'' + a(y(x) + y_0(x))' + b(y(x) + y_0(x))$$

$$= (y''(x) + ay'(x) + by(x)) + (y_0''(x) + ay_0'(x) + by_0(x))$$

$$= 0 + p(x) = p(x)$$

より，$y(x) + y_0(x)$ は (6.4) の解である．しかも，$y(x)$ は任意定数を 2 個含むので，$y(x) + y_0(x)$ も 2 個含む．したがって，一般解である． ▮

例題 1　$y'' + 2y' - 3y = 6e^{-4x}$ の一般解を求めよ．

解答　はじめに，右辺を 0 で置き換えた同次微分方程式 $y'' + 2y' - 3y = 0$ を解く．

特性方程式は $t^2 + 2t - 3 = (t + 3)(t - 1) = 0$ より，解は $t = 1, -3$. 定理 6.2.5 (1) より，同次微分方程式の一般解は，

$$y = C_1 e^x + C_2 e^{-3x}$$

次に，$y'' + 2y' - 3y = 6e^{-4x}$ の解を 1 つ求める．そのために，解を $y = ae^{-4x}$ と推測して代入する．

$$(ae^{-4x})'' + 2(ae^{-4x})' - 3(ae^{-4x}) = 6e^{-4x}$$

$$16ae^{-4x} - 8ae^{-4x} - 3ae^{-4x} = 6e^{-4x}$$

$$5ae^{-4x} = 6e^{-4x}$$

より，$a = \dfrac{6}{5}$ であり，$y = \dfrac{6}{5} e^{-4x}$ は 1 つの解である．

最後に，定理 6.2.6 より次の一般解を得る．

$$y = C_1 e^x + C_2 e^{-3x} + \frac{6}{5} e^{-4x}$$ ▮

例題 1 の方法をまとめると，定数係数 2 階線形微分方程式 (6.4) は，次の手順に従って解くことができる．

(i)　同次微分方程式 (6.5) の一般解を求める．

(ii)　非同次微分方程式 (6.4) の解を推測して 1 つ求める．

(iii)　(i) と (ii) で求めた解の和が，求める一般解となる．

上記の手順 (ii) において解を 1 つ推測したが，推測の仕方は (6.4) の右辺の関数 $p(x)$ によって，表 6.1 のようになる．

注意　推測解を $g(x)$ としたとき，この $g(x)$ が (i) で求めた解に現れるならば，$g(x)$ の代わりに $xg(x)$ を用いる．

例題 2　$y'' - 3y' + 3y = 6\cos 3x$ の一般解を求めよ．

解答　(i) 右辺を 0 で置き換えた同次微分方程式 $y'' - 3y' + 3y = 0$ を解く．特性方程式は $t^2 - 3t + 3 = 0$ より，解は $t = \dfrac{3 \pm \sqrt{3}i}{2}$. 定理 6.2.4 (3) より，同次微分方程

表 6.1 推測の仕方

$p(x)$	推測解
n 次多項式	$n, n+1$ または $n+2$ 次多項式
$Ce^{\alpha x}$	$ae^{\alpha x}$
$C \cos \alpha x$	$a \cos \alpha x + b \sin \alpha x$
$C \sin \alpha x$	$a \cos \alpha x + b \sin \alpha x$
上記の和	上記の和

式の一般解は,

$$y = e^{\frac{3}{2}x} \left(C_1 \cos \frac{\sqrt{3}}{2}x + C_2 \sin \frac{\sqrt{3}}{2}x \right)$$

(ii) 次に $y'' - 3y' + 3y = 6 \cos 3x$ の解を 1 つ求める. そのために, 解を $y = a \cos 3x + b \sin 3x$ と推測して代入する.

$$(a \cos 3x + b \sin 3x)'' - 3(a \cos 3x + b \sin 3x)' + 3(a \cos 3x + b \sin 3x)$$
$$= 6 \cos 3x$$

$$(-9a - 9b + 3a) \cos 3x + (-9b + 9a + 3b) \sin 3x = 6 \cos 3x$$

$$(-2a - 3b) \cos 3x + (3a - 2b) \sin 3x = 2 \cos 3x$$

係数を比較して, $\begin{cases} -2a - 3b = 2 \\ 3a - 2b = 0 \end{cases}$ より, $a = -\dfrac{4}{13}$, $b = -\dfrac{6}{13}$ であり,

$y = -\dfrac{4}{13} \cos 3x - \dfrac{6}{13} \sin 3x$ は 1 つの解である.

(iii) 定理 6.2.6 より, 次の一般解を得る.

$$y = e^{\frac{3}{2}x} \left(C_1 \cos \frac{\sqrt{3}}{2}x + C_2 \sin \frac{\sqrt{3}}{2}x \right) - \frac{4}{13} \cos 3x - \frac{6}{13} \sin 3x$$

問 3 次の微分方程式の一般解を求めよ.
(1) $y'' - 2y' + 2y = x^2 - 1$ (2) $y'' - y' - 6y = 4e^{-3x}$
(3) $y'' + 2y' + y = -10 \sin 3x$

問題 **6.2**

1. 次の微分方程式の一般解を求めよ.

(1) $y'' - 7y' + 12y = 0$

(2) $y'' + 2y' + 2y = 0$

(3) $y'' - 2y' + y = 0$

(4) $y'' - 3y' - 10y = 0$

(5) $y'' + 6y' + 25y = 0$

(6) $y'' - 2\sqrt{2}y' + 2y = 0$

2. 次の微分方程式に対して, ( ) 内の初期条件を満たす特殊解を求めよ.

(1) $y'' + 2y' - 3y = 0$ $(y(0) = 1,\ y'(0) = 2)$

(2) $y'' + 6y' + 9y = 0$ $(y(0) = -1,\ y'(0) = 1)$

(3) $y'' + 4y' + 5y = 0$ $(y(0) = 0,\ y'(0) = 1)$

3. 次の微分方程式の一般解を求めよ.

(1) $y'' - 5y' + 6y = 8e^x$

(2) $y'' - y' = 5e^x$　　ヒント：推測に関する注意を参照せよ.

(3) $y'' + 4y = 2\sin x$

(4) $y'' + 2y' + 5y = 15x + 1$

(5) $y'' + y = 4\cos x$　　ヒント：(2) と同様.

(6) $y'' + 2y' + y = 6e^{-x}$　　ヒント：(2) と同様であるが重解に注意.

4. 次の微分方程式の一般解を求めよ.

(1) $y'' - y = x + 12e^{2x}$

(2) $y'' - 4y' + 3y = e^{-x} + \sin x$

(3) $y'' + 4y' + 6y = 3x + 9\sin x - \cos x$

第7章 級数

本章では，各項が実数からなる級数，および実数を変数とする整級数の収束と発散について考察し，収束に関するいくつかの判定法について学ぶ.

7.1 級数と整級数

級数に関する基本事項 　数列 $a_1, a_2, a_3, \cdots$ の各項を $+$ で結んだ

$$\sum_{n=1}^{\infty} a_n = a_1 + a_2 + a_3 + \cdots$$

という形の式を，**無限級数**または**級数**という. a_n をこの級数の第 n 項という. 総和記号の添え字を省略し，簡単に $\sum a_n$ と表すこともある.

初項から第 n 項までの和

$$S_n = \sum_{k=1}^{n} a_k = a_1 + a_2 + \cdots + a_n$$

を，**第 n 部分和**という. この部分和 S_n からなる数列 $\{S_n\}$ が一定の値 S に収束するとき，すなわち

$$\lim_{n \to \infty} S_n = \lim_{n \to \infty} \sum_{k=1}^{n} a_k = S$$

のとき，級数 $\sum a_n$ は S に収束するといい，S をこの級数の**和**という. 級数の和が S であるとき，次のように表す.

$$a_1 + a_2 + a_3 + \cdots = S \quad \text{または} \quad \sum_{n=1}^{\infty} a_n = S$$

また，部分和が作る数列 $\{S_n\}$ が発散するとき，級数は発散するという.

例1   等比数列の無限和を**等比級数**という. 公比 r の等比級数は $|r| < 1$ のときかつそのときに限り収束し, 次が成り立つ.

$$\sum_{n=1}^{\infty} r^{n-1} = \frac{1}{1-r}$$

問1   例1を示せ.

問2   次の級数の第 n 部分和を求め, 収束・発散を調べよ.

(1) $\displaystyle\sum_{n=1}^{\infty} \frac{1}{n(n+1)}$ (2) $\displaystyle\sum_{n=1}^{\infty} \frac{1}{\sqrt{n+1} + \sqrt{n}}$

次の定理の証明は省略する.

定理 7.1.1

級数 $\displaystyle\sum a_n$, $\displaystyle\sum b_n$ がともに収束するとき, 次が成り立つ.

(1) $\displaystyle\sum ca_n = c \sum a_n$ (c は定数)

(2) $\displaystyle\sum (a_n \pm b_n) = \sum a_n \pm \sum b_n$ (複号同順)

次の定理は, 級数の収束と数列の収束との関係を示している.

定理 7.1.2

級数 $\displaystyle\sum a_n$ が収束すれば $\displaystyle\lim_{n \to \infty} a_n = 0$ である.

証明 $\displaystyle\sum a_n = S$ とし, 第 n 部分和を S_n とする. このとき, $a_n = S_n - S_{n-1}$ である. この等式において $n \to \infty$ とすると,

$$\lim_{n \to \infty} a_n = \lim_{n \to \infty} (S_n - S_{n-1}) = \lim_{n \to \infty} S_n - \lim_{n \to \infty} S_{n-1} = S - S = 0$$

注意   この定理の逆は成り立たない. 問2 (2) および次の例題がそれを示している.

例題1   (**調和級数**)   級数 $\displaystyle\sum_{n=1}^{\infty} \frac{1}{n}$ は発散する. このことを示せ.

解答　$S_n = \displaystyle\sum_{k=1}^{n} \dfrac{1}{k}$ とおく. 任意の n に対して,

$$S_{2n} - S_n = \sum_{k=1}^{2n} \frac{1}{k} - \sum_{k=1}^{n} \frac{1}{k} = \sum_{k=n+1}^{2n} \frac{1}{k} \geqq \sum_{k=n+1}^{2n} \frac{1}{2n} = \frac{n}{2n} = \frac{1}{2}$$

S_n が S に収束すれば $\displaystyle\lim_{n\to\infty}(S_{2n} - S_n) = S - S = 0$ であるが, $S_{2n} - S_n \geqq \dfrac{1}{2}$ より, 収束しないことが示された. ∎

正項級数と交代級数　級数 $\displaystyle\sum a_n$ において, $a_n \geqq 0$ であるとき, **正項級数** という. また, 正の項と負の項が交互に現れる級数を, **交代級数** という.

例2　次の交代級数は収束し, その値は $\log 2$ であることが知られている.

$$1 - \frac{1}{2} + \frac{1}{3} - \frac{1}{4} + \frac{1}{5} - \frac{1}{6} + \cdots = \log 2$$

∎

次の 2 つの定理 は, いずれも正項級数の収束に関する定理である.

定理 7.1.3

正項級数 $\displaystyle\sum a_n$ が収束するための必要十分条件は, 部分和による数列 $\{S_n\}$ が上に有界となることである.

証明　$a_n \geqq 0$ より, $\{S_n\}$ は広義単調増加数列である. 定理 1.1.1 より, 上に有界であれば収束する (十分性). 一方, 収束すれば極限値を超えることはないので上に有界である (必要性). ∎

定理 7.1.4 (比較原理)

正項級数 $\displaystyle\sum a_n, \sum b_n$ に対してある正の数 M が存在し, $a_n \leqq M b_n$ が, ある番号から先のすべての n に対して成り立っているとする. このとき,

(1) $\displaystyle\sum a_n$ が発散すれば $\displaystyle\sum b_n$ も発散する.

(2) $\displaystyle\sum b_n$ が収束すれば $\displaystyle\sum a_n$ も収束する.

証明 級数 $\sum a_n, \sum b_n$ の第 n 部分和を それぞれ S_n, T_n とすると，$\{S_n\}, \{T_n\}$ は広義単調増加数列である．級数の収束・発散は，定理の条件におけるある番号から先だけを考えればよいので，その番号を初項と考えれば，すべての n に対して，$S_n \leqq M T_n$ としてよい．このとき，

(1) S_n が発散すれば T_n も発散するので，(1) を得る．

(2) T_n が収束すれば S_n は上に有界となり収束するので，(2) を得る． ∎

次は，等比級数との比較により，級数の収束・発散を判定するものである．

定理 7.1.5 (ダランベールの判定法)

$\sum a_n$ を正項級数とする．ある正の定数 c $(c < 1)$ によって，ある番号から先のすべての n に対して $\dfrac{a_{n+1}}{a_n} \leqq c$ ならば，級数 $\sum a_n$ は収束する．また，ある番号から先のすべての n に対して $\dfrac{a_{n+1}}{a_n} \geqq 1$ ならば，級数 $\sum a_n$ は発散する．

証明 定理におけるある番号を m とし，$b_0 = \dfrac{a_m}{c^m}$ とおくと，$a_{m+1} \leqq a_m c = b_0 c^{m+1}$. 同様に，$a_{m+2} \leqq a_{m+1} c \leqq b_0 c^{m+2}$. したがって，$m$ から先の n に対して，$a_n \leqq b_0 c^n$ であり，例 1 と定理 7.1.4 (2) より $\sum a_n$ は収束する．次に m から先で $\dfrac{a_{n+1}}{a_n} \geqq 1$ とすると，$\{a_n\}$ は広義単調増加であり，0 に収束しないので，定理 7.1.2 より $\sum a_n$ は収束しない． ∎

問 3 以下の級数の収束・発散を調べよ．

(1) $\displaystyle\sum_{n=1}^{\infty} \frac{1}{n!}$ (2) $\displaystyle\sum_{n=1}^{\infty} \frac{n^n}{n!}$

整級数 初項 a_0 から始まる無限数列 $\{a_n\}_{n=0}^{\infty}$ を考える．このとき，変数 x を含む次のような級数を，**整級数**という．

$$\sum_{n=0}^{\infty} a_n x^n = a_0 + a_1 x + a_2 x^2 + a_3 x^3 + \cdots$$

整級数において，変数 x に実数を代入すれば，級数が得られる．代入したと

きに級数が収束するような実数 x 全体の集合を，整級数 $\displaystyle\sum_{n=0}^{\infty} a_n x^n$ の**収束域**という．また，整級数の収束については次が成り立つ．この定理における r を**収束半径**という．証明は省略する．

定理 7.1.6

$\sum a_n x^n$ の収束に関して，次のいずれか 1 つが成り立つ．

(1) すべての実数 x で絶対収束する（$r = \infty$ とする）．

(2) すべての実数 $x \neq 0$ で発散する（$r = 0$ とする）．

(3) $|x| < r$ ならば絶対収束し，$|x| > r$ ならば発散する r が存在する．

例 3　$a_0 = a_1 = a_2 = \cdots = 1$ である整級数は，初項 1 公比 x の等比級数 $\displaystyle\sum_{n=0}^{\infty} x^n$ であり，例 1 より，その収束域は $(-1, 1)$ である．

例題 2　整級数 $\displaystyle\sum_{n=1}^{\infty} \frac{1}{n} x^n$ の収束半径と収束域を求めよ．

解答　$x = 0$ のときは 0 より，$x \neq 0$ とする．収束の判定のために，隣接 2 項間の比の絶対値を考えると，

$$\left| \frac{\frac{1}{n+1} x^{n+1}}{\frac{1}{n} x^n} \right| = \frac{n|x|}{n+1}$$

であり，$n \to \infty$ のときの極限は $|x|$ である．したがって，定理 7.1.5（ダランベールの判定法）により，$|x| < 1$ で収束し，$|x| > 1$ で発散する．すなわち，収束半径は 1 である．

　ここで，$x = 1$ のときは，$\sum \dfrac{1}{n}$ となり，例題 1 より発散する．$x = -1$ のときは，例 2 より収束する．したがって，収束域は，$[-1, 1)$ である．

注意　例題 2 でわかるように，収束半径がわかっても，収束半径上の点における収束は，個別に判定する必要がある．

問 4　整級数 $\displaystyle\sum_{n=1}^{\infty} \frac{x^n}{n(n+1)}$ の収束半径と収束域を求めよ．

整級数で定義される関数　整級数 $\displaystyle\sum_{n=0}^{\infty} a_n x^n$ の収束半径を r とする. このとき,

$$f(x) = \sum_{n=0}^{\infty} a_n x^n$$

は, 区間 $(-r, r)$ で定義された関数となる. この関数の微分と積分について次が成り立つ. 証明は省略する.

定理 7.1.7 (整級数の項別微分)

$$f'(x) = \sum_{n=0}^{\infty} (a_n x^n)' = \sum_{n=1}^{\infty} n a_n x^{n-1}$$

定理 7.1.8 (整級数の項別積分)

$$\int f(x)\, dx = \sum_{n=0}^{\infty} \int a_n x^n\, dx = \sum_{n=0}^{\infty} \frac{a_n}{n+1} x^{n+1}$$

　関数を級数として表現することは, 2.4 節において, マクローリン展開として学んだ. 2.4 節の例 2 の展開を再掲すると下記となる. いずれも収束域はすべての実数 x である.

(1)　$\displaystyle e^x = \sum_{n=0}^{\infty} \frac{x^n}{n!} = 1 + \frac{x}{1!} + \frac{x^2}{2!} + \cdots + \frac{x^n}{n!} + \cdots$

(2)　$\displaystyle \sin x = \sum_{n=0}^{\infty} \frac{(-1)^n}{(2n+1)!} x^{2n+1} = x - \frac{x^3}{3!} + \cdots + (-1)^n \frac{x^{2n+1}}{(2n+1)!} + \cdots$

(3)　$\displaystyle \cos x = \sum_{n=0}^{\infty} \frac{(-1)^n}{(2n)!} x^{2n} = 1 - \frac{x^2}{2!} + \frac{x^4}{4!} + \cdots + (-1)^n \frac{x^{2n}}{(2n)!} + \cdots$

　さらに, 次は例 1 の等比級数であり, 収束域は $(-1, 1)$ である.

(4)　$\displaystyle \frac{1}{1-x} = \sum_{n=0}^{\infty} x^n = 1 + x + x^2 + x^3 + \cdots + x^n + \cdots$

▌**問 5**　$\sin x$ を項別微分して, $\cos x$ になることを確認せよ.

問題 7.1

1. 次の級数の和を求めよ．(2) は例 2 の級数の和を利用せよ，

(1) $\displaystyle\sum_{n=2}^{\infty}\frac{(-1)^n}{n^2-1}$ 　　(2) $\displaystyle\sum_{n=2}^{\infty}\frac{(-1)^n n}{n^2-1}$

2. 次の級数の収束・発散を定理 7.1.4 用いて判定せよ．

(1) $\displaystyle\sum_{n=2}^{\infty}\frac{1}{\log n}$ 　　(2) $\displaystyle\sum_{n=1}^{\infty}n\sin\frac{\pi}{2^n}$

3. 次の級数の収束・発散を，定理 7.1.5 を用いて判定せよ．

(1) $\displaystyle\sum_{n=1}^{\infty}\frac{n}{3^n}$ 　　(2) $\displaystyle\sum_{n=1}^{\infty}\frac{n!}{2^n}$ 　　(3) $\displaystyle\sum_{n=1}^{\infty}\frac{x^n}{n}$ 　$(0<x<1)$

(4) $\displaystyle\sum_{n=1}^{\infty}\frac{(a+1)(2a+1)(3a+1)\cdots(na+1)}{(b+1)(2b+1)(3b+1)\cdots(nb+1)}$ 　$(a>0,\ b>0)$

4. 本章において，次の整級数展開を紹介した $(|x|<1)$．

$$\frac{1}{1-x}=\sum_{n=0}^{\infty}x^n=1+x+x^2+x^3+\cdots+x^n+\cdots$$

これを利用して，次の関数の整級数展開を求めよ．

(1) $\dfrac{1}{1+x}$ 　　(2) $\dfrac{1}{1-x^2}$ 　　(3) $\dfrac{1}{1+x^2}$

5. $\dfrac{1}{1+x^2}$ の整級数展開を利用して，$\tan^{-1}x$ の整級数展開を求めよ．

ヒント：$\tan^{-1}x$ の微分を考えよ．

6. 問題 5 で求めた $\tan^{-1}x$ の整級数展開に，$x=1$ を代入し，次の等式を
示せ．これを，グレゴリー・ライプニッツの公式という．

$$\frac{\pi}{4}=\sum_{n=0}^{\infty}\frac{(-1)^n}{2n+1}=1-\frac{1}{3}+\frac{1}{5}-\frac{1}{7}+\cdots$$

解答 (略解)

....

1.1 実数の連続性と数列の収束

問 1 (1) $a + \dfrac{b-a}{\sqrt{2}} = \gamma$ (有理数) とすると，$\sqrt{2} = \dfrac{b-a}{\gamma - a}$ より，$\sqrt{2}$ は有理数となり，例題 1 に反する．

(2) $c - a > 0$ と $b - c > 0$ を示す．

問 2 (1) $\dfrac{1}{7} = 0.\dot{1}4285\dot{7}$ (2) $\dfrac{23}{125} = 0.184$

問 3 a, b の整数部分が異なる場合は，b の整数部分を c とする．整数部分が等しい場合は，小数点以下第 n 位ではじめて異なるとして，b の第 $n+1$ 位以下を切り捨てた数を c とする．

問題 1.1

1. $\sqrt{3} = \dfrac{b}{a}$ (既約分数) とし，両辺を 2 乗すると $3 = \dfrac{b^2}{a^2}$ より $b^2 = 3a^2$．これより $b = 3k$ となり，例題 1 と同様の議論で $a = 3\ell$．これは $\dfrac{b}{a}$ が既約分数であることに反する．

2. (1), (2) は分母分子を n^2 で割る．(3), (5) は分母の有理化．(6) は分子の有理化．

(1) 2 (2) 0 (3) $\sqrt{3}$ (4) 2 (5) $\dfrac{2}{3}$ (6) 0

3. ヒントより．
$$\text{与式} = \lim_{n \to \infty} \left(1 + \frac{1}{n-1}\right)^n = \lim_{n \to \infty} \left(1 + \frac{1}{n-1}\right)^{n-1}\left(1 + \frac{1}{n-1}\right) = e$$

4. (1) $\sqrt{e}$ (2) e^3

(3) $\displaystyle\lim_{n \to \infty} a_n = \lim_{n \to \infty} \left(1 - \frac{1}{n}\right)^n \left(1 + \frac{1}{n}\right)^n = \frac{1}{e} \cdot e = 1$

5. (1) $\dfrac{2^n}{n!} = \dfrac{2}{1} \cdot \dfrac{2}{2} \cdot \dfrac{2}{3} \cdot \dfrac{2}{4} \cdot \dfrac{2}{5} \cdots \dfrac{2}{n-1} \cdot \dfrac{2}{n} \leqq \dfrac{4}{3} \left(\dfrac{1}{2}\right)^{n-3} \to 0 \ (n \to \infty)$

(2) n が偶数のとき (n が奇数のときも同様).

$$\dfrac{n!}{n^n} = \dfrac{1}{n} \cdot \dfrac{2}{n} \cdots \dfrac{\frac{n}{2}}{n} \cdot \dfrac{\frac{n}{2}+1}{n} \cdots \dfrac{n}{n} \leqq \dfrac{1}{n} \cdot \dfrac{2}{n} \cdots \dfrac{\frac{n}{2}}{n} \leqq \left(\dfrac{1}{2}\right)^{\frac{n}{2}} \to$$

$0 \ (n \to \infty)$

6. (1) $n = 1$ のとき, $a_1 < 2$. $n = k$ のとき $a_k < 2$ と仮定する. $n = k+1$ のとき, $a_{k+1} = \sqrt{2a_k} < \sqrt{2 \cdot 2} = 2$. 数学的帰納法より, すべての自然数 n に対して $a_n < 2$.

(2) $a_{n+1} - a_n = \sqrt{a_n}(\sqrt{2} - \sqrt{a_n}) > 0$

(3) 極限を α とすると, $\alpha = \sqrt{2\alpha}$ より, $\alpha = 2$

7. 極限を α とすると, ある番号 n_0 より先は $|a_n - \alpha| < 1$ とできるので, $|a_n| < |\alpha| + 1$. また, n_0 までの $|a_n|$ の最大値を M とする. このときすべての n に対して $|a_n| < |\alpha| + 1 + M$ より, 有界. 逆が成り立たないことの反例は $a_n = (-1)^n$ とすればよい.

....

1.2 連続関数の性質

問 1 (1) 4 　(2) $-\dfrac{1}{2}$ 　(3) $\dfrac{1}{4}$

問 2 (1) $\displaystyle\lim_{x \to 0} \dfrac{3 \sin 3x}{3x} = 3$ 　(2) $\displaystyle\lim_{x \to 0} \dfrac{x \sin x(1 + \cos x)}{\sin^2 x} = 2$

(3) $\displaystyle\lim_{x \to 0} \dfrac{1}{5} \dfrac{5x \cos 5x}{\sin 5x} = \dfrac{1}{5}$

問 3 (1) $y = -(x-1)^2$ 　(2) $y = (x-1)^2$ 　(3) $y = x^2$ 　(4) $y = x(x-1)(x-2)$

問題 1.2

1. (1) $[0, 4)$ 　(2) $\left[\dfrac{4}{3}, \dfrac{3}{2}\right)$ 　(3) $[4, \infty)$

2. (1) $\dfrac{1}{2}$ 　(2) $\dfrac{3}{4}$ 　(3) $\dfrac{1}{\sqrt{2}}$ 　(4) $\dfrac{1}{2}$

3. (1) 0 　(2) 2

(3) 与式 $= \displaystyle\lim_{x \to 0} \dfrac{\sin x}{x} \dfrac{1 - \cos x}{x^2 \cos x} = \lim_{x \to 0} \dfrac{\sin^3 x}{x^3} \dfrac{1}{\cos x(1 + \cos x)} = \dfrac{1}{2}$

(4) $x - \pi = t$ とおくと，$x \to \pi$ のとき $t \to 0$ より，

$$与式 = \lim_{t \to 0} \frac{\tan (t + \pi)}{t} = \lim_{t \to 0} \frac{\sin t}{t} \frac{1}{\cos t} = 1$$

4. $x - a = h$ とおくと，$x \to a$ のとき $h \to 0$ より，与えられた極限は，第 2 章で学ぶ微分の定義式に一致することに注意されたい．

    (1) $\dfrac{1}{2\sqrt{a}}$ (2) $2a$ (3) $3a^2$ (4) na^{n-1}

5. (1) 連続   (2) 不連続

    (2) については，$\displaystyle\lim_{x \to 0} \left| x \sin \frac{1}{x} \right| \leqq \lim_{x \to 0} |x| = 0$ に注意する．

6. 方程式 $f(x) = 0$ の両辺を最高次の係数で割ることにより，最高次の係数は 1 としてよい．このとき，

$$f(x) = x^n + a_1 x^{n-1} + \cdots a_n = x^n \left(1 + \frac{a_1}{x} + \cdots + \frac{a_n}{x^n} \right)$$

ここで $x \to \pm\infty$ とすると，n が奇数であることから $f(x) \to \pm\infty$(複号同順)．したがって，$f(a) < 0$ および $f(b) > 0$ となる点 $a < b$ が存在し，中間値の定理から，$f(c) = 0$ となる点が存在する．

7. $g(-1) = -1 - f(-1) \leqq 0$, $g(1) = 1 - f(1) \geqq 0$ である．どちらかの等号が成り立てばそこが不動点である．いずれも等号が成り立たなければ，$g(-1) < 0 < g(1)$ より中間値の定理から $g(c) = 0$ となる点が存在し，そこが不動点である．

....

1.3 初等関数

問 1 $x_1 > x_2$ とする．(1) $f(x_1) - f(x_2) = a(x_1{}^3 - x_2{}^3) > 0$ より $f(x_1) > f(x_2)$.

    (2) $\dfrac{f(x_1)}{f(x_2)} = a^{x_1 - x_2} > 1$ より $f(x_1) > f(x_2)$.

問 2 (1) $\dfrac{\pi}{2}$ (2) $-\dfrac{\pi}{6}$ (3) $\dfrac{\pi}{6}$ (4) $-\dfrac{\pi}{4}$

問題 1.3

1. (1) $-\dfrac{\pi}{3}$ (2) $\dfrac{3}{4}\pi$ (3) $\dfrac{\pi}{3}$ (4) $-\dfrac{\pi}{6}$ (5) $-\dfrac{\pi}{2}$ (6) $\dfrac{2}{3}\pi$

2. (1) $x = \dfrac{1}{2}$

(2) $\alpha = \sin^{-1}\dfrac{1}{3}$, $\beta = \sin^{-1}\dfrac{7}{9}$ とおく. $\sin\alpha = \dfrac{1}{3}$, $\sin\beta = \dfrac{7}{9}$ より, 加法

定理を用いて $x = \cos(\alpha + \beta) = \sqrt{1 - \sin^2\alpha}\,\sqrt{1 - \sin^2\beta} - \sin\alpha\sin\beta$

$= \dfrac{2\sqrt{2}}{3}\dfrac{4\sqrt{2}}{9} - \dfrac{1}{3}\dfrac{7}{9} = \dfrac{1}{3}$.

3. $\alpha = \tan^{-1}\dfrac{1}{2}$, $\beta = \tan^{-1}\dfrac{1}{3}$ とおく. $\tan\alpha = \dfrac{1}{2}$, $\tan\beta = \dfrac{1}{3}$ より, 加法定

理を用いて $\tan(\alpha + \beta) = 1$. したがって, $\alpha + \beta = \dfrac{\pi}{4}$.

4. 省略.

5. (1) 省略.　　(2), (3) は右辺を変形して左辺を導く.

6. $y = \dfrac{e^x - e^{-x}}{2}$ より, $e^{2x} - 2ye^x - 1 = 0$. これを e^x の 2 次方程式と見なし

て, e^x を求め, x を求める.

注：等式を確認するだけなら, $y = \sinh x$ に代入して示せばよい.

7. (1) $\alpha = \tan^{-1}\sqrt{\dfrac{1 + x}{1 - x}}$, $\beta = \dfrac{\pi}{4} + \dfrac{1}{2}\sin^{-1}x$ とおく.

$\tan\alpha = \sqrt{\dfrac{1 + x}{1 - x}}$ より $\tan^2\alpha = \dfrac{1 + x}{1 - x}$.

また, $\sin^{-1}x = 2\beta - \dfrac{\pi}{2}$ より $\sin\left(2\beta - \dfrac{\pi}{2}\right) = x$ であり.

$x = -\cos 2\beta$ より, $x = \sin^2\beta - \cos^2\beta$ である.

これらから, $\tan^2\alpha = \dfrac{1 + (\sin^2\beta - \cos^2\beta)}{1 - (\sin^2\beta - \cos^2\beta)} = \dfrac{2\sin^2\beta}{2\cos^2\beta} = \tan^2\beta$

したがって, $\alpha = \beta$ を得る.

(2) も同様.

. . . .

2.1　微分係数と導関数

問 1　省略.

問 2　$f(x) > 0$ のとき, $(\log f(x))' = \dfrac{f'(x)}{f(x)}$.

　　　$f(x) < 0$ のとき, $(\log(-f(x)))' = \dfrac{-f'(x)}{-f(x)} = \dfrac{f'(x)}{f(x)}$.

問 3　$y = \cos^{-1}x$ とおいて例題 1 と同様に示す.

問4　$y = \tan^{-1} x$ とおいて例題1と同様に示す.

問5　$y = x^{\alpha}$ の対数をとると $\log y = \alpha \log x$. この両辺を微分すると, $\dfrac{y'}{y} = \dfrac{\alpha}{x}$.

したがって, $y' = \alpha x^{-1} y = \alpha x^{\alpha - 1}$

問題 2.1

1. (1) $4(3x^2 + 4x - 1)(3x + 2)$　　(2) $\dfrac{x}{\sqrt{1 + x^2}}$　　(3) $8x \cos(4x^2 - 3)$

   (4) $5x(3x + 2)e^{3x - 1}$　　(5) $\dfrac{2}{1 + x^2}$　　(6) $\dfrac{1}{1 + x^2}$　　(7) $\cosh x$

   (8) $2\sqrt{a^2 - x^2}$　　(9) $\dfrac{1}{\cosh^2 x}$　　(10) $\dfrac{1}{(x - a)(x + a)}$　　(11) $\dfrac{1}{\cosh x}$

   (12) $-\dfrac{1}{\cos x}$　　(13) $(\sin x)^{\cos x} \left(-\sin x \log \sin x + \dfrac{\cos^2 x}{\sin x} \right)$

   (14) $\dfrac{(x + 1)(x + 2)^2 (x^2 + 10x + 13)}{(x + 3)^5}$

2. 省略.

3. (1), (2) いずれも $\dfrac{1}{\sqrt{x^2 + 1}}$ になる.

4. (1) 接線：$y = 3x - 2$, 法線：$y = -\dfrac{1}{3}x + \dfrac{4}{3}$

   (2) 接線：$y = \dfrac{1}{4}x + 1$, 法線：$y = -4x + 18$

   (3) 接線：$y = -2\sqrt{\pi}x + 2\pi$, 法線：$y = \dfrac{1}{2\sqrt{\pi}}x - \dfrac{1}{2}$

   (4) 接線：$y = \dfrac{1}{e^2}x + 1$, 法線：$y = -e^2 x + e^4 + 2$

5. (1) $y_0 y = 2p(x + x_0)$　　(2) $\dfrac{x_0 x}{a^2} + \dfrac{y_0 y}{b^2} = 1$

....

2.2 平均値の定理

問1　$y = x^3$ は原点で $y' = 0$ であるが極値ではない.

問2　$0 < \dfrac{\log x}{x} < \dfrac{2}{\sqrt{x}} \to 0 \ (x \to \infty)$

問3　(1) 3　　(2) 0　　(3) 与式 $= \displaystyle\lim_{x \to \infty} \dfrac{\tan^{-1} x - \frac{\pi}{2}}{\frac{1}{x}} = \lim_{x \to \infty} \dfrac{-x^2}{x^2 + 1} = -1$

問4　$y = x + 2a - \dfrac{\pi a}{2}$

問題 2.2

1. (1) $f(x) = e^x - x - 1$ とおくと, $f'(x) = e^x - 1 = 0 \Leftrightarrow x = 0$ より $f(x)$ は $x = 0$ で極小値 (最小値) 0 となり, $f(x) \geqq f(0) = 0$

(2) $f(x) = \tan^{-1} x - \dfrac{x}{1 + x^2}$ とおくと, $f'(x) = \dfrac{2x^2}{(1 + x^2)^2} \geqq 0$ より, $f(x) \geqq f(0) = 0$

(3) $f(x) = \sin x + \tan x - 2x$ とおくと, $f'(x) = \dfrac{\cos^3 x - 2\cos^2 x + 1}{\cos^2 x}$. 分子 $= (1 - \cos x)(\sin^2 x + \cos x) > 0$ より, $f'(x) > 0$ であり $f(x) > f(0) = 0$

2. (1) $\dfrac{1}{6}$　(2) $\dfrac{15}{2}$　(3) $\log \dfrac{a}{b}$　(4) 2　(5) $\dfrac{1}{2}$　(6) 1

(7) $\dfrac{1}{x} = t$ とおくと. 与式 $= \lim_{t \to 0} \dfrac{e^t - 1}{t} = 1$　(8) 0

(9) 与式 $= \lim_{x \to \infty} \left(\dfrac{1 + \frac{1}{x}}{1 - \frac{1}{x}} \right)^x = \lim_{x \to \infty} \left(1 + \dfrac{1}{x} \right)^x \left(1 - \dfrac{1}{x} \right)^{-x} = e^2$

(10) 与式 $= \lim_{x \to \infty} \left(\dfrac{1 + \frac{a}{x}}{1 - \frac{a}{x}} \right)^x = \lim_{x \to \infty} \left(1 + \dfrac{a}{x} \right)^x \left(1 - \dfrac{a}{x} \right)^{-x}$

$= \lim_{x \to \infty} \left(\left(1 + \dfrac{a}{x} \right)^{\frac{x}{a}} \right)^a \left(\left(1 - \dfrac{a}{x} \right)^{-\frac{x}{a}} \right)^a = e^{2a}$

3. (1) $\dfrac{dy}{dx} = \dfrac{e^t}{2t}$ であり, $y = \dfrac{e}{2} x$

(2) $\dfrac{dy}{dx} = \dfrac{1}{2t}$ であり, $y = \dfrac{1}{2} x - \dfrac{1}{2} \log 2 + \dfrac{\pi}{4}$

4. $f(x) = \dfrac{\log x}{x}$ は $x = e$ で最大値 $f(e) = \dfrac{1}{e}$ をとる. すなわち, $f(x) < \dfrac{1}{e}$ $(x \neq e)$. $x = \pi$ を代入して, $\dfrac{\log \pi}{\pi} < \dfrac{1}{e}$ より, $\pi^e < e^\pi$ を得る.

....

2.3 高次の導関数

問1　$(x \sin x)^{(n)} = x(\sin x)^{(n)} + n(\sin x)^{(n-1)}$

$= x \sin \left(x + \dfrac{n}{2} \pi \right) + n \sin \left(x + \dfrac{n-1}{2} \pi \right)$

$$= x \sin \left(x + \frac{n}{2} \pi \right) - n \cos \left(x + \frac{n}{2} \pi \right)$$

問 2 $(e^x)'' = e^x > 0$ より下に凸. $(\log x)'' = -\dfrac{1}{x^2} < 0$ より上に凸.

問 3 $y' = -xe^{-\frac{x^2}{2}} = 0 \Leftrightarrow x = 0$,

$y'' = (x^2 - 1)e^{-\frac{x^2}{2}} = 0 \Leftrightarrow x = \pm 1$ より,

$x = 0$ で極大値 1, $x = \pm 1$ で変曲点.

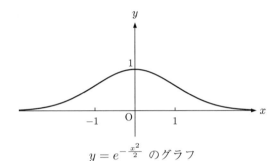

$y = e^{-\frac{x^2}{2}}$ のグラフ

問 4 $c_1 = 2$, $c_{n+1} = \dfrac{1}{2} \left(c_n + \dfrac{3}{c_n} \right)$, $c_2 = \dfrac{7}{4}$, $c_3 = \dfrac{97}{56} = 1.7321 \cdots$

問題 2.3

1. (1) $\dfrac{(-1)^n n!}{(x - a)^{n+1}}$ 何回か微分してこの形を推測する.

(2) (1) を応用して, $\dfrac{(-1)^n n!}{2} \left(\dfrac{1}{(x-1)^{n+1}} - \dfrac{1}{(x+1)^{n+1}} \right)$ を得る.

(3) $3^n \sin \left(3x + 1 + \dfrac{n\pi}{2} \right)$ 例 3 の応用である.

2. (1) $2^{n-2}(4x^2 + 4nx + n^2 - n)e^{2x}$

(2) $\begin{cases} \log x + 1 & (n = 1) \\ \dfrac{(-1)^n (n-2)!}{x^{n-1}} & (n > 1) \end{cases}$

(3) $(x^2 - n^2 + n) \cos \left(x + \dfrac{n}{2} \pi \right) + 2nx \sin \left(x + \dfrac{n}{2} \pi \right)$

3. (1) $y' = (1 - x)e^{-x} = 0 \Leftrightarrow x = 1$, $y'' = (x - 2)e^{-x} = 0 \Leftrightarrow x = 2$ より,

$x = 1$ で極大値 $\dfrac{1}{e}$, $x = 2$ で変曲点. グラフは次ページ.

(2) $y' = \dfrac{4(4-x^2)}{(x^2+4)^2} = 0 \Leftrightarrow x = \pm 2$, $y'' = \dfrac{8x(x^2-12)}{(x^2+4)^3} = 0 \Leftrightarrow x = 0, \pm 2\sqrt{3}$ より, $x = 2$ で極大値 1, $x = -2$ で極小値 -1, $x = 0, \pm 2\sqrt{3}$ で変曲点.

(3) $y' = x(2\log x + 1) = 0 \Leftrightarrow x = \dfrac{1}{\sqrt{e}}$, $y'' = 2\log x + 3 = 0 \Leftrightarrow x = \dfrac{1}{e\sqrt{e}}$ より, $x = \dfrac{1}{\sqrt{e}}$ で極小値 $-\dfrac{1}{2e}$, $x = \dfrac{1}{e\sqrt{e}}$ で変曲点.

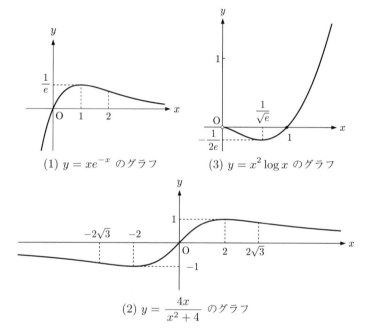

(1) $y = xe^{-x}$ のグラフ

(3) $y = x^2 \log x$ のグラフ

(2) $y = \dfrac{4x}{x^2+4}$ のグラフ

4. (1) $c_1 = 3$, $c_{n+1} = \dfrac{1}{2}\left(c_n + \dfrac{5}{c_n}\right)$, $c_2 = \dfrac{7}{3}$, $c_3 = \dfrac{47}{21}$

(2) $c_1 = 2$, $c_{n+1} = c_n - \dfrac{c_n{}^2 - c_n - 1}{2c_n - 1}$, $c_2 = \dfrac{5}{3}$, $c_3 = \dfrac{34}{21}$

5. (1) $f'(x) = \dfrac{1}{x^2+1}$ より成り立つ.

(2) (1) の左辺にライプニッツの公式を用いる. 右辺は 0 のままである.

(3) $x = 0$ を代入して漸化式 $f^{(n)}(0) = -(n-1)(n-2)f^{(n-2)}(0)$ が成り立つ. これを利用して結論を得る.

. . . .

2.4 テイラーの定理

問 1　$f(x) = \sin x$ とおくと，$f^{(n)}(0) = 0, 1, 0, -1, 0, 1, \cdots$ $(n = 0, 1, 2, 3, \cdots)$ より，(2) が成り立つ．(3) の $\cos x$ についても同様．

問 2　$e = 1 + \dfrac{1}{1!} + \dfrac{1}{2!} + \dfrac{1}{3!} + \dfrac{1}{4!} + \cdots$

問 3　$y = x^4$ とおく．3 回微分までが 0 で，4 回微分が正より，$y = x^4$ は $x = 0$ で極小である．$y = x^5$ のときは同様の議論で極値をとらない．

問 4　ロピタルの定理を用いて収束が示されるので，分子は x^2 より高位の無限小．したがって，$e^x - 1 - x - \dfrac{x^2}{2} = o(x^2)$ より，$e^x = 1 + x + \dfrac{x^2}{2} + o(x^2)$

問 5　(1) 与式 $= \displaystyle\lim_{x \to 0} \left(\dfrac{1}{6} + \dfrac{o(x^4)}{x^3} \right) = \dfrac{1}{6}$　　(2) 与式 $= \displaystyle\lim_{x \to 0} \dfrac{1}{-\frac{1}{2} - \frac{o(x^2)}{x^2}} = -2$

問題 2.4

1.　いずれも 4 回微分して，マクローリンの定理に当てはめる．

(1) $x - x^2 + x^3 - \dfrac{x^4}{(1 + \theta x)^5}$

(2) $1 + \dfrac{x}{2} - \dfrac{x^2}{8} + \dfrac{x^3}{16} - \dfrac{5x^4}{128(1 + \theta x)^3 \sqrt{1 + \theta x}}$

(3) $x - x^2 + \dfrac{x^3}{3} - \dfrac{e^{-\theta x} \sin(\theta x)}{6} x^4$

(4) $x - \dfrac{x^3}{2} + \dfrac{4 \sin(\theta x) + \theta x \cos(\theta x)}{24} x^4$

2.　いずれも 3 回微分して，4 次以降は $o(x^3)$ とする．

(1) $1 - \dfrac{x}{2} + \dfrac{3}{8}x^2 - \dfrac{5}{16}x^3 + o(x^3)$　　(2) $2 - \dfrac{3}{4}x^2 + \dfrac{x^3}{4} + o(x^3)$

(3) $x - \dfrac{x^3}{3} + o(x^3)$　　ただし，$x - \dfrac{x^3}{3} + o(x^4)$ の方が精度が高い．

(4) $1 + \dfrac{x^2}{2} - \dfrac{x^3}{3} + o(x^3)$

3.　省略．

4.　(1) 与式 $= \displaystyle\lim_{x \to 0} \left(\dfrac{1}{3} + \dfrac{o(x^4)}{x^3} - \dfrac{o(x^2)}{x^2} \right) = \dfrac{1}{3}$

(2) 与式 $= \displaystyle\lim_{x \to 0} \left(\dfrac{1}{2} + \dfrac{o(x^2)}{x^2} \right) \left(1 - \dfrac{x^2}{6} + \dfrac{o(x^4)}{x} \right) = \dfrac{1}{2}$

(3) 与式 $= \displaystyle\lim_{x \to 0} \dfrac{\dfrac{1}{2} + \dfrac{o(x^2)}{x^2}}{1 + \dfrac{x}{2} + \dfrac{o(x^2)}{x}} = \dfrac{1}{2}$

(4) 与式 $= \displaystyle\lim_{x \to 0} \dfrac{-\dfrac{2}{3} + \dfrac{o(x^4)}{x^3} - \dfrac{o(x^2)}{x^2}}{-\dfrac{1}{2} + \dfrac{o(x^3)}{x^2}} = \dfrac{4}{3}$

5. (1) $f(x) = -x^4 \left(1 - \dfrac{o(x^4)}{x^4} \right)$ より, 極大.

(2) $f(x) = x^4 \left(\dfrac{1}{2} + \dfrac{o(x^2)}{x^2} \right)$ より, 極小.

(3) $f(x) = x^5 \left(\dfrac{1}{6} + \dfrac{o(x^5)}{x^5} \right)$ より, 極値でない.

....

3.1　不定積分と定積分

問 1　$2\sin^{-1}\sqrt{x} = \sin^{-1}(2x-1) + C$ として $x = 0$ を代入すると
$C = \dfrac{\pi}{2}$ より, $2\sin^{-1}\sqrt{x} = \sin^{-1}(2x-1) + \dfrac{\pi}{2}$

問 2　$-\dfrac{\pi}{2} < x < \dfrac{\pi}{6}$ のとき $\dfrac{1}{\sqrt{2}} < \dfrac{1}{\sqrt{1-\sin x}} < \sqrt{2}$ より.

問 3　(1) $\dfrac{\pi}{12}$　　(2) $1 - \dfrac{1}{\sqrt{3}}$

問 4　$-\dfrac{1}{20}(b-a)^5$

問題 3.1

1. (1) 2　　(2) 4　　(3) 6　　(4) $1 + \dfrac{\sqrt{3}}{2}$

2. (1) $\displaystyle\int_0^1 x^2 \, dx = \dfrac{1}{3} = c^2$ より, $c = \dfrac{1}{\sqrt{3}}$

(2) $\displaystyle\int_0^1 x^3 \, dx = \dfrac{1}{4} = c^3$ より, $c = \dfrac{1}{\sqrt[3]{4}}$

(3) $\displaystyle\int_0^1 x^n \, dx = \dfrac{1}{n+1} = c^n$ より, $c = \dfrac{1}{\sqrt[n]{n+1}}$

3. (1) $1 < \dfrac{1}{\sqrt{1-x^3}} < \dfrac{2\sqrt{2}}{\sqrt{7}}$ より，示される.

(2) ヒントと $\displaystyle\int_0^{\frac{1}{2}} \dfrac{dx}{\sqrt{1-x^2}} = \dfrac{\pi}{6}$ より，示される.

4. 与式 $= \displaystyle\int_a^b \left((x-a)^{n+1} - (b-a)(x-a)\right)^n dx$

$\quad = \left[\dfrac{(x-a)^{n+2}}{n+2} - (b-a)\dfrac{(x-a)^{n+1}}{n+1} \right]_a^b$

$\quad = -\dfrac{(b-a)^{n+2}}{(n+2)(n+1)}$

5. (1) $f(x)$ の原始関数を $F(x)$ として微分すると，$2f(2x) - f(x)$

(2) $f(x)$ の原始関数を $F(x)$ として微分すると，$2xf(x^2)$

(3) $(t-x)e^t = te^t - xe^t$ として，第 1 項は定理 3.1.4 を用い，第 2 項は積分して微分すると，$1 - e^x$

6. $\displaystyle\sum_{k=1}^{n} \dfrac{1}{k}$ は底辺 1 高さ $\dfrac{1}{k}$ の長方形の面積の総和である. この面積と，ヒントにおける面積との比較により，不等式を示す.

7. $\displaystyle\int_a^b (f(x) + tg(x))^2 dx = t^2 \int_a^b g(x)^2 dx + 2t \int_a^b f(x)g(x) dx + \int_a^b f(x)^2 dx$

この t の 2 次関数は負にならないので，判別式 $\dfrac{D}{4} \leqq 0$ であることから，求める不等式を得る.

. . . .

3.2 置換積分法と部分積分法

問 1 省略.

問 2 (1) $\dfrac{(3x+2)^5}{15} + C$ (2) $\dfrac{\sin(4x-1)}{4} + C$

問 3 $f(x) = t$ とおいて置換積分.

問 4 (1) $-\log|\cos x| + C$ (2) $\dfrac{1}{2}\log|x^2 + 2x - 1| + C$

問 5 (1) $x\sin^{-1} x + \sqrt{1-x^2} + C$ (2) $x\cos^{-1} x - \sqrt{1-x^2} + C$

問 6 $\dfrac{1}{a}\tan^{-1}\dfrac{x}{a} + C$

問 7 (1) $\sqrt{1-x} = t$ とおくと $dx = -2t\,dt$ より, 与式 $= 2\displaystyle\int_0^1 t^2\,dt = \dfrac{2}{3}$

(2) 与式 $= \displaystyle\int_0^1 x(-e^{-x})'\,dx = -\left[xe^{-x}\right]_0^1 + \int_0^1 e^{-x}\,dx = 1 - \dfrac{2}{e}$

問題 3.2

1. (1) $\tan^{-1} e^x + C$ 置換積分 $e^x = t$

(2) $\log|\log x| + C$ 置換積分 $\log x = t$

(3) $\dfrac{2\sqrt{1+5x}}{5} + C$ 置換積分 $\sqrt{1+5x} = t$

(4) $\sin x - x\cos x + C$ 部分積分 $x\sin x = x(-\cos x)'$

(5) $-\dfrac{1}{6(1+x^2)^3} + C$ 置換積分 $1 + x^2 = t$

(6) $\tan^{-1}(x+2) + C$ 置換積分 $x + 2 = t$

(7) $\dfrac{1}{5\cos^5 x} + C$ 置換積分 $\cos x = t$

(8) $-\dfrac{(1-x^2)\sqrt{1-x^2}}{3} + C$ 置換積分 $\sqrt{1-x^2} = t$

(9) 与式 $= \displaystyle\int \dfrac{a^2}{\sqrt{a^2-x^2}}\,dx - \int \sqrt{a^2-x^2}\,dx$

$= \dfrac{a^2}{2}\sin^{-1}\dfrac{x}{a} - \dfrac{1}{2}x\sqrt{a^2-x^2} + C$

(10) 与式 $= \displaystyle\int x\left(\dfrac{a^x}{\log a}\right)'\,dx = x\dfrac{a^x}{\log a} - \int \dfrac{a^x}{\log a}\,dx$

$= \dfrac{a^x}{(\log a)^2}(x\log a - 1) + C$

2. (1) 与式 $= \left[\sin^{-1} x\right]_0^{\frac{1}{2}} = \dfrac{\pi}{6}$

(2) 与式 $= \dfrac{1}{2}\left[x^2 e^{2x}\right]_{-1}^1 - \displaystyle\int_{-1}^1 x e^{2x}\,dx$

$= \dfrac{1}{2}\left[x^2 e^{2x}\right]_{-1}^1 - \dfrac{1}{2}\left[x e^{2x}\right]_{-1}^1 + \dfrac{1}{2}\displaystyle\int_{-1}^1 e^{2x}\,dx = \dfrac{1}{4}\left(e^2 - \dfrac{5}{e^2}\right)$

(3) $\sin x = t$ とおく. 与式 $= \displaystyle\int_0^{\frac{1}{\sqrt{2}}} (2 - t^2)\,dt = \dfrac{5}{6\sqrt{2}}$

(4) $\cos x = t$ とおく. 与式 $= \displaystyle\int_0^{\frac{1}{2}} \dfrac{t^2 - 1}{t^3}\,dt = \dfrac{3}{2} - \log 2$

(5) $x^2 = t$ とおく. 与式 $= \dfrac{1}{2}\displaystyle\int_0^1 \dfrac{dt}{t^2+1} = \dfrac{\pi}{8}$

(6) 与式 $= [x\log{(x+2)}]_{-1}^1 - \displaystyle\int_{-1}^1 \dfrac{x}{x+2}\,dx = 3\log 3 - 2$

(7) 与式 $= \dfrac{1}{2}\displaystyle\int_0^1 \dfrac{2x}{x^2+1}\,dx + \displaystyle\int_0^1 \dfrac{dx}{x^2+1} = \dfrac{1}{2}\log 2 + \dfrac{\pi}{4}$

(8) $\cos^2 x = \dfrac{1+\cos 2x}{2}$ を用いて次数を落とす. $\dfrac{3\pi}{32} + \dfrac{1}{4}$

3.　$I = \dfrac{e^x}{2}(\sin x + \cos x) + C$　　$J = \dfrac{e^x}{2}(\sin x - \cos x) + C$

4.　(1) 与式 $= \dfrac{1}{2}\displaystyle\int_0^{2\pi} (\sin{(m+n)x} + \sin{(m-n)x})\,dx$

$m \neq n$ のとき, $= \left[-\dfrac{\cos{(m+n)x}}{m+n} - \dfrac{\cos{(m-n)x}}{m-n}\right]_0^{2\pi} = 0$

$m = n$ のとき, $= \left[-\dfrac{\cos 2mx}{2m}\right]_0^{2\pi} = 0$

(2), (3) も同様に示す.

. . . .

3.3　有理式の積分

問1　(1) $\dfrac{1}{2}\log\left|\dfrac{x-3}{x-1}\right| + C$　　(2) $-\dfrac{1}{2(2x-1)} + C$　　(3) $\dfrac{1}{\sqrt{3}}\tan^{-1}\dfrac{x-2}{\sqrt{3}} + C$

問2　(1) $\dfrac{1}{2}\log|x^2+2x+5| - \tan^{-1}\dfrac{x+1}{2} + C$

(2) $\log|x-3| + \dfrac{4}{(x-3)^2} + C$

問3　(1) $-\dfrac{1}{x-1} + \dfrac{2}{x+3} - \dfrac{5}{(x+3)^2}$　　(2) $\dfrac{1}{x-2} + \dfrac{x+3}{x^2+2x+3}$

問4　(1) $\log\dfrac{|x+3|^2}{|x-1|} + \dfrac{5}{x+3} + C$

(2) $\log|x-2| + \dfrac{1}{2}\log|x^2+2x+3| + \sqrt{2}\tan^{-1}\dfrac{x+1}{\sqrt{2}} + C$

問5　(1) $\dfrac{x}{8(x^2+4)} + \dfrac{1}{16}\tan^{-1}\dfrac{x}{2} + C$

(2) 与式 $= \displaystyle\int \dfrac{dx}{((x+1)^2+1)^2}\,dx = \dfrac{x+1}{2((x+1)^2+1)} + \dfrac{1}{2}\displaystyle\int \dfrac{dx}{(x+1)^2+1}$

$$= \frac{x+1}{2(x^2+2x+2)} + \frac{1}{2}\tan^{-1}(x+1) + C$$

問題 3.3

1. (1) $\log\left|\dfrac{x-3}{x-2}\right| + C$ (2) $\dfrac{1}{2\sqrt{2}}\log\left|\dfrac{x-\sqrt{2}}{x+\sqrt{2}}\right| + C$

   (3) $-\dfrac{1}{2(2x-3)} + C$ (4) $\dfrac{1}{\sqrt{2}}\tan^{-1}\dfrac{x+2}{\sqrt{2}} + C$

2. (1) $\dfrac{1}{4}\left(\dfrac{1}{x} - \dfrac{1}{x-2} + \dfrac{2}{(x-2)^2}\right)$ (2) $\dfrac{2}{x+1} + \dfrac{1}{(x+1)^2} - \dfrac{1}{(x+3)^3}$

   (3) $\dfrac{x-2}{x^2+1} - \dfrac{x}{(x^2+1)^2}$ (4) $\dfrac{2}{x+1} - \dfrac{x+3}{x^2+2x+2}$

3. (1) $\dfrac{1}{4}\log\left|\dfrac{x}{x-2}\right| - \dfrac{1}{2(x-2)} + C$

   (2) $2\log|x+1| - \dfrac{1}{x+1} + \dfrac{1}{2(x+1)^2} + C$

   (3) $\dfrac{1}{2}\log|x^2+1| - 2\tan^{-1}x + \dfrac{1}{2(x^2+1)} + C$

   (4) $2\log|x+1| - \dfrac{1}{2}\log|x^2+2x+2| - 2\tan^{-1}(x+1) + C$

4. (1) 与式 $= \displaystyle\int\left(\dfrac{2}{x-3} - \dfrac{1}{x+2}\right)dx = \log\dfrac{|x-3|^2}{|x+2|} + C$

   (2) 与式 $= \displaystyle\int\left(\dfrac{1}{x} - \dfrac{2}{x-1} + \dfrac{1}{x-2}\right)dx = \log\dfrac{|x(x-2)|}{|x-1|^2} + C$

   (3) 与式 $= \displaystyle\int\left(\dfrac{1}{(x-2)^2} + \dfrac{1}{(x-2)^3}\right)dx = -\dfrac{1}{x-2} - \dfrac{1}{2(x-2)^2} + C$

   (4) 与式 $= \displaystyle\int\left(\dfrac{1}{x-1} - \dfrac{x+1}{x^2+1}\right)dx$

   $= \log|x-1| - \dfrac{1}{2}\log|x^2+1| - \tan^{-1}x + C$

5. (1) 与式 $= \dfrac{1}{3}\displaystyle\int\left(\dfrac{1}{x-1} - \dfrac{x+2}{x^2+x+1}\right)dx$

   $= \dfrac{1}{3}\log|x-1| - \dfrac{1}{6}\log|x^2+x+1| - \dfrac{1}{\sqrt{3}}\tan^{-1}\dfrac{2x+1}{\sqrt{3}} + C$

   (2) 与式 $= \dfrac{1}{4}\displaystyle\int\left(\dfrac{1}{x-1} - \dfrac{1}{x+1} - \dfrac{2}{x^2+1}\right)dx$

$$= \frac{1}{4} \log \left| \frac{x-1}{x+1} \right| - \frac{1}{2} \tan^{-1} x + C$$

....

3.4 三角関数や無理関数を含む関数の積分

問 1 $\dfrac{1}{\sqrt{2}} \tan^{-1} \left(\dfrac{1}{\sqrt{2}} \tan \dfrac{x}{2} \right) + C$

問 2 $\log |\cos x| + \dfrac{1}{2\cos^2 x} + C$

問 3 $\dfrac{2}{3}(x+2)\sqrt{x-1} + C \quad (\sqrt{x-1} = t \text{ とおく})$

問 4 (1) $\log |x + \sqrt{x^2 + a}| + C \quad (t - x = \sqrt{x^2 + a} \text{ とおく})$

(2) 与式 $= \displaystyle\int \frac{1}{x+2} \sqrt{\frac{x+2}{1-x}}\, dx = 2\tan^{-1} \sqrt{\frac{x+2}{1-x}} + C$

$\left(\sqrt{\dfrac{x+2}{1-x}} = t \text{ とおく} \right)$

問 5 (1) $-\dfrac{1}{4} \sin^3 x \cos x - \dfrac{3}{8} \sin x \cos x + \dfrac{3}{8} x + C$

(2) $\dfrac{1}{3} \cos^2 x \sin x + \dfrac{2}{3} \sin x + C$

問題 3.4

1. (1) $\tan \dfrac{x}{2} + C$ (2) $-\dfrac{2}{1 + \tan \frac{x}{2}} + C$

(3) $\log \left| 1 + \tan \dfrac{x}{2} \right| + C$ (4) $-\dfrac{4}{3\left(1 + \tan \frac{x}{2}\right)^3} + C$

2. (1) $-\dfrac{1}{x + \cos x} + C$ 置換積分 $x + \cos x = t$

(2) $\dfrac{1}{5} \log |4 + 5\sin x| + C$ 置換積分 $\sin x = t$

(3) $-\dfrac{1}{2} \log |1 + \cos^2 x| - \tan^{-1} \cos x + C$ 置換積分 $\cos x = t$

(4) 与式 $= \displaystyle\int \frac{\cos x}{\cos x + \sin x}\, dx$

$= \displaystyle\int \frac{(\cos x + \sin x)'}{\cos x + \sin x}\, dx + \int dx - \int \frac{dx}{1 + \tan x}\, dx$

$$= \log|\cos x + \sin x| + x - 与式$$

これより，与式 $= \dfrac{1}{2}\log|\cos x + \sin x| + \dfrac{1}{2}x + C$

3. (1) $\log\left|\dfrac{\sqrt{x+1}-1}{\sqrt{x+1}+1}\right| + C$　　置換積分 $\sqrt{x+1} = t$

(2) $-x + 4\sqrt{x} - 4\log|\sqrt{x}+1| + C$　　置換積分 $\sqrt{x} = t$

(3) $\sqrt{x^2+1} + C$　　置換積分 $x^2 + 1 = t$

(4) $\log\left|\dfrac{x+\sqrt{x^2+1}-1}{x+\sqrt{x^2+1}+1}\right| + C$　　置換積分 $t - x = \sqrt{x^2+1}$

(5) 与式 $= \displaystyle\int \dfrac{1}{x+1}\sqrt{\dfrac{x+1}{2-x}}\,dx = 2\tan^{-1}\sqrt{\dfrac{x+1}{2-x}} + C$

置換積分 $\sqrt{\dfrac{x+1}{2-x}} = t$

(6) $2\tan^{-1}\sqrt{\dfrac{1+x}{1-x}} - \sqrt{(1+x)(1-x)} + C$　　置換積分 $\sqrt{\dfrac{1+x}{1-x}} = t$

4. 直接計算することにより，ヒントの左辺＝右辺を示す.

5. ヒントにしたがって，(1) および (2) の $A_n = \dfrac{n-1}{n}A_{n-2}$ を示す.

ここで，$A_0 = \dfrac{\pi}{2}$, $A_1 = 1$ であることに注意して，n が偶数と奇数とで場合分けをして，命題 3.4.3 を示す.

....

3.5 広義積分

問 1 (1) $\displaystyle\int_0^2 \dfrac{dx}{\sqrt{x}} = \lim_{t\to+0}\left[2\sqrt{x}\,\right]_t^2 = 2\sqrt{2}$

(2) $\displaystyle\int_0^1 \dfrac{dx}{(x-1)^2} = \lim_{t\to1-0}\left[\dfrac{-1}{x-1}\right]_0^t = \infty$

問 2 (1) $\displaystyle\int_{-\infty}^0 e^{2x} = \lim_{t\to-\infty}\left[\dfrac{1}{2}e^{2x}\right]_t^0 = \dfrac{1}{2}$

(2) $\displaystyle\int_0^\infty \dfrac{dx}{\sqrt{x+1}} = \lim_{t\to\infty}\left[2\sqrt{x+1}\,\right]_0^t = \infty$

(3) $\displaystyle\int_2^\infty \dfrac{dx}{x^2} = \lim_{t\to\infty}\left[-\dfrac{1}{x}\right]_2^t = \dfrac{1}{2}$

問 3 $\Gamma(2) = \displaystyle\lim_{t\to\infty} \int_o^t e^{-x} x \, dx = \lim_{t\to\infty} \left(\left[-e^{-x} x \right]_0^t - \int_0^t (-e^{-x}) \, dx \right)$

$\qquad = \displaystyle\lim_{t\to\infty} \frac{-t}{e^t} - \lim_{t\to\infty} \left[e^{-x} \right]_0^t = 0 - (0 - 1) = 1$

問題 3.5

1. (1) $\displaystyle\int_{-1}^0 \frac{dx}{(x+1)^2} = \lim_{t\to -1+0} \left[\frac{-1}{x+1} \right]_t^0 = \infty$

(2) $\displaystyle\int_0^{\frac{\pi}{2}} \frac{\cos x}{\sqrt{\sin x}} \, dx = \lim_{t\to +0} \left[2\sqrt{t} \right]_t^1 = 2 \;\; (\sin x = t)$

(3) $\displaystyle\int_0^1 x \log x \, dx = \lim_{t\to +0} \left[\frac{x^2}{2} \log x - \frac{x^2}{4} \right]_t^1 = -\frac{1}{4}$

(4) $\displaystyle\int_1^2 \frac{dx}{\sqrt{x^2-1}} = \lim_{t\to 1+0} \left[\log \left| x + \sqrt{x^2-1} \right| \right]_t^2 = \log \left(2 + \sqrt{3} \right)$

(5) $\displaystyle\int_0^{\infty} x e^{-x} \, dx = \lim_{t\to\infty} \left[-x e^{-x} \right]_0^t - \lim_{t\to\infty} \left[e^{-x} \right]_0^t = 1$

(6) $\displaystyle\int_0^{\infty} x e^{-x^2} \, dx = \lim_{t\to\infty} \left[-\frac{1}{2} e^{-x^2} \right]_0^t = \frac{1}{2}$

(7) $\displaystyle\int_0^{\infty} \frac{\tan^{-1} x}{x^2+1} \, dx = \left[\frac{t^2}{2} \right]_0^{\frac{\pi}{2}} = \frac{\pi^2}{8} \;\; (\tan^{-1} x = t)$

(8) $\displaystyle\int_1^{\infty} \frac{dx}{x\sqrt{x^2-1}} = \lim_{s\to\infty} \left[\tan^{-1} t \right]_0^s = \frac{\pi}{2} \;\; (\sqrt{x^2-1} = t)$

(9) $\displaystyle\int_{-\infty}^{\infty} \frac{dx}{e^x + e^{-x}} = \lim_{s\to\infty} \left[\tan^{-1} t \right]_0^s = \frac{\pi}{2} \;\; (e^x = t)$

(10) $\displaystyle\int_{-\infty}^{\infty} \frac{dx}{(x^2+1)(x^2+4)} = \frac{1}{3} \left[\tan^{-1} x \right]_{-\infty}^{\infty} - \frac{1}{6} \left[\tan^{-1} \frac{x}{2} \right]_{-\infty}^{\infty} = \frac{\pi}{6}$

$\pm\infty$ における極限記号 (lim) を省略した.

2. (1) $\displaystyle\int_{-1}^1 \frac{dx}{\sqrt{|x|}} = 2 \int_0^1 \frac{dx}{\sqrt{x}} = 4$

$x = 0$ における極限記号 (lim) を省略した.

(2) $\displaystyle\int_0^2 \frac{dx}{\sqrt{|x^2-1|}} = \int_0^1 \frac{dx}{\sqrt{1-x^2}} + \int_1^2 \frac{dx}{\sqrt{x^2-1}} = \frac{\pi}{2} + \log \left(2 + \sqrt{3} \right)$

$x = 1$ における極限記号 (lim) を省略した.

(3) $\displaystyle\int_0^3 \frac{2x-3}{\sqrt{|x^2-3x+2|}} \, dx = \int_0^1 \frac{2x-3}{\sqrt{x^2-3x+2}} \, dx$

$$+ \int_1^2 \frac{2x-3}{\sqrt{-x^2+3x-2}}\, dx + \int_2^3 \frac{2x-3}{\sqrt{x^2-3x+2}}\, dx = 0$$

$x=1,2$ における極限記号 (lim) を省略した.

3. 2

4.
$$B\left(\frac{1}{2}, \frac{1}{2}\right) = \int_0^1 \frac{dx}{\sqrt{x(1-x)}} = \int_0^{\frac{1}{2}} \frac{dx}{\sqrt{x(1-x)}} + \int_{\frac{1}{2}}^1 \frac{dx}{\sqrt{x(1-x)}}$$
$$= \lim_{t \to +0} \left[2\sin^{-1}\sqrt{x} \right]_t^{\frac{1}{2}} + \lim_{t \to 1-0} \left[2\sin^{-1}\sqrt{x} \right]_{\frac{1}{2}}^t = \pi$$

. . . .

3.6 区分求積法と定積分の応用

問1　左辺 $= \displaystyle\int_0^1 x^2\, dx = \left[\dfrac{x^3}{3}\right]_0^1 = \dfrac{1}{3}$

右辺 $= \displaystyle\lim_{n \to \infty} \frac{1}{n} \sum_{k=1}^n \left(\frac{k}{n}\right)^2 = \lim_{n \to \infty} \frac{1}{n^3} \sum_{k=1}^n k^2 = \lim_{n \to \infty} \frac{1}{n^3} \frac{n(n+1)(2n+1)}{6}$

$= \displaystyle\lim_{n \to \infty} \frac{1}{6} \cdot 1 \cdot \left(1 + \frac{1}{n}\right) \cdot \left(2 + \frac{1}{n}\right) = \frac{1}{3}$

問2　$\displaystyle\int_0^1 \sqrt{1+4x^2}\, dx = \frac{\sqrt{5}}{2} + \frac{1}{4}\log\left(2+\sqrt{5}\right)$

問3　$\displaystyle\int_0^{2\pi} \sqrt{9a^2 \sin^2 t \cos^2 t}\, dt = 6a$

問題 3.6

1.　(1) $\displaystyle\int_0^a \sqrt{1+4x^2}\, dx = \frac{a}{2}\sqrt{4a^2+1} + \frac{1}{4}\log\left(2a + \sqrt{4a^2+1}\right)$

(2) $\displaystyle\int_0^{\frac{\pi}{4}} \sqrt{1 + \frac{\sin^2 x}{\cos^2 x}}\, dx = \int_0^{\frac{\pi}{4}} \frac{dx}{\cos x} = \log\left(\sqrt{2}+1\right)$

(3) $\displaystyle\int_1^2 \frac{\sqrt{x^2+1}}{x}\, dx = \int_{\sqrt{2}}^{\sqrt{5}} \left(1 + \frac{1}{t^2-1}\right) dt$　$\left(\sqrt{x^2+1} = t \text{ とおく}\right)$

$= \sqrt{5} - \sqrt{2} + \log\left(\sqrt{5}-1\right) - \log\left(\sqrt{2}-1\right) - \log 2$

(4) $y = \dfrac{a}{2}\left(e^{\frac{x}{a}} + e^{-\frac{x}{a}}\right)$ より, $1 + (y')^2 = \dfrac{(e^{\frac{x}{a}} + e^{-\frac{x}{a}})^2}{4}$

求める曲線の長さ $= \displaystyle\int_0^b \sqrt{\frac{(e^{\frac{x}{a}} + e^{-\frac{x}{a}})^2}{4}}\, dx = \frac{a}{2}\left(e^{\frac{b}{a}} - e^{-\frac{b}{a}}\right)$

2. 省略.

3. (1) $a\displaystyle\int_0^\alpha \sqrt{\theta^2+1}\,d\theta = \dfrac{a}{2}\left(\alpha\sqrt{\alpha^2+1}+\log\left|\alpha+\sqrt{\alpha^2+1}\right|\right)$

(2) $\sqrt{a^2+1}\displaystyle\int_0^\infty \sqrt{e^{-2a\theta}}\,d\theta = \sqrt{a^2+1}\lim_{t\to\infty}\int_0^t e^{-a\theta}\,d\theta$

$= -\dfrac{\sqrt{a^2+1}}{a}\displaystyle\lim_{t\to\infty}\left[e^{-at}\right]_0^t = \dfrac{\sqrt{a^2+1}}{a}$

4. $\displaystyle\int_0^{2\pi a} y\,dx = \int_0^{2\pi} y\,\dfrac{dx}{dt}\,dt = a^2\int_0^{2\pi}(1-\cos t)^2\,dt = 3\pi a^2$

....

4.1 多変数関数と偏微分

問 1 $z=-x^2$ を $z=y^2$ に沿って動かした曲面.

問 2 (1) $y=kx$ とすると，与式 $=\displaystyle\lim_{x\to0}\dfrac{k}{1+2k^2}$ より極限は存在しない.

(2) 与式 $=\displaystyle\lim_{r\to0} r\cos^2\theta\sin\theta = 0$

問 3 (1) $f(x,y)=r^2\cos^4\theta + r\sin^3\theta \to 0\quad(r\to0)$ より連続.

(2) $y=0$ とすると，$f(x,0)=\dfrac{1}{x}$ より不連続.

問 4 (1) $z_x = 4x^3 - 8xy,\ z_y = -4x^2 - 12y^3$

(2) $z_x = \dfrac{x-y^3}{\sqrt{x^2-2xy^3}},\ z_y = \dfrac{-3xy^2}{\sqrt{x^2-2xy^3}}$

(3) $z_x = \dfrac{x^2+2xy}{(x+y)^2},\ z_y = -\dfrac{x^2}{(x+y)^2}$

(4) $z_x = \cos(x+y^2) - x\sin(x+y^2),\ z_y = -2xy\sin(x+y^2)$

問題 4.1

1. (1) $z=-y^2$ を $z=x^2$ に沿って動かした曲面.

(2) $z=-x^3$ を $z=y^2$ に沿って動かした曲面.

(3) $z=\sin y$ を $z=-x$ に沿って動かした曲面.

2. (1) 与式 $=\displaystyle\lim_{r\to0} r\cos\theta\sin^2\theta = 0$

(2) $y=kx^2$ とすると，与式 $=\displaystyle\lim_{x\to0}\dfrac{k}{1+k^2}$ より，k の値によって変化するので極限は存在しない.

3.　(1) $y = x$ とすると，$f(x, y) = 1$ より，0 にならないので不連続.

　　(2) $f(x, y) = 2r \cos\theta \log r \to 0 \quad (r \to 0)$ より連続.

4.　(1) $z_x = 6x^2 - 4y^2$, $z_y = -8xy + 15y^4$

　　(2) $z_x = \dfrac{10y}{(3x + 4y)^2}$, $z_y = -\dfrac{10x}{(3x + 4y)^2}$

　　(3) $z_x = -\dfrac{2xy}{(x^2 + y^2)^2}$, $z_y = \dfrac{x^2 - y^2}{(x^2 + y^2)^2}$

　　(4) $z_x = -\dfrac{x}{(x^2 + y^2)\sqrt{x^2 + y^2}}$, $z_y = -\dfrac{y}{(x^2 + y^2)\sqrt{x^2 + y^2}}$

　　(5) $z_x = \dfrac{x}{x^2 + y^2}$, $z_y = \dfrac{y}{x^2 + y^2}$

　　(6) $z_x = \dfrac{1}{\sqrt{1 - (x + y^2)^2}}$, $z_y = \dfrac{2y}{\sqrt{1 - (x + y^2)^2}}$

　　(7) $z_x = y^2 e^{xy^2} \sin y$, $z_y = 2xy e^{xy^2} \sin y + e^{xy^2} \cos y$

　　(8) $z_x = -\dfrac{y}{x^2 + y^2}$, $z_y = \dfrac{x}{x^2 + y^2}$

　　(9) $z_x = yx^{y-1}$, $z_y = x^y \log x$　　(10) $z_x = \sin 2x$, $z_y = -\sin 2y$

5.　(1) $z_x = \dfrac{(ad - bc)y}{(cx + dy)^2}$, $z_y = \dfrac{(bc - ad)x}{(cx + dy)^2}$ より従う.

　　(2) $z_x = \dfrac{x}{\sqrt{x^2 + y^2}} \sin^{-1} \dfrac{y}{x} - \dfrac{y}{x} \dfrac{\sqrt{x^2 + y^2}}{\sqrt{x^2 - y^2}}$,

　　　　$z_y = \dfrac{y}{\sqrt{x^2 + y^2}} \sin^{-1} \dfrac{y}{x} + \dfrac{\sqrt{x^2 + y^2}}{\sqrt{x^2 - y^2}}$ より従う.

....

4.2　合成関数の偏微分

問 **1**　(1) $z' = 2e^{2t} + e^{-t}$　　(2) $z' = e^{t^2}(2t \sin(t - 1) + \cos(t - 1))$

問 **2**　(1) $z_u = v(2u - v)e^{(u-v)uv}$, $z_v = u(u - 2v)e^{(u-v)uv}$

　　(2) $z_u = \dfrac{xv + 2yu}{x^2 + y^2}$, $z_v = \dfrac{xu - 2yv}{x^2 + y^2}$

問 **3**　(1) $2x + 4y - z - 3 = 0$　　(2) $x + 2y + 2z - 9 = 0$

問題 4.2

1. (1) $z' = 2a(9a - 1)t$ (2) $z' = 8 \sin 2t$ (3) $z' = 2xe^{x^2 y}(xt - y \sin t)$

(4) $z' = e^t \cos x \cos y - \dfrac{1}{t} \sin x \sin y$ (5) $\dfrac{1}{1 + x^2 y^2}(ye^t - ye^{-t} + 2xe^{2t})$

2. (1) $z_u = x^2 + 4xy + y^2$, $z_v = x^2 - y^2$

(2) $z_u = 2(x + yv) \cos(x^2 + y^2)$, $z_v = 2(yu - x) \cos(x^2 + y^2)$

(3) $z_u = \dfrac{e^u}{x^2 + y^2}(x \cos v + y \sin v)$, $z_v = \dfrac{e^u}{x^2 + y^2}(y \cos v - x \sin v)$

(4) $z_u = \dfrac{2v(x + y)}{u^2}\left(\sin \dfrac{v}{u} - \cos \dfrac{v}{u}\right)$, $z_v = \dfrac{2(x + y)}{u}\left(\cos \dfrac{v}{u} - \sin \dfrac{v}{u}\right)$

3. (1) $7x - 4y + z - 7 = 0$ (2) $x + 2y + z - 2 = 0$

(3) $3x - 2y - 3z - 6 = 0$ (4) $x - y + 2z - \dfrac{\pi}{2} = 0$

4. $z_u = z_x x_u + z_y y_u = z_x \cos \alpha + z_y \sin \alpha$,

$z_v = z_x x_v + z_y y_v = z_x(-\sin \alpha) + z_y \cos \alpha$ より,

これらを $z_u{}^2 + z_v{}^2$ に代入して $z_x{}^2 + z_y{}^2$ を導く.

5. (1) $x = \dfrac{u + v}{2}$, $y = \dfrac{u - v}{2}$ (2) $z_u = \dfrac{z_x + z_y}{2}$, $z_v = \dfrac{z_x - z_y}{2}$

(3) z が u の 1 変数関数 $\Leftrightarrow z_v = 0 \Leftrightarrow \dfrac{z_x - z_y}{2} = 0 \Leftrightarrow z_x = z_y$

6. (1) $y = x$ のとき $f(x, y) = \dfrac{1}{2}$ より不連続.

(2) $f_x(x, y) = \dfrac{y^3 - x^2 y}{(x^2 + y^2)^2}$, $f_y(x, y) = \dfrac{x^3 - xy^2}{(x^2 + y^2)^2}$

(3) $f_x(0, 0) = \lim_{x \to 0} \dfrac{f(x, 0) - f(0, 0)}{x} = \lim_{x \to 0} \dfrac{0}{x} = 0$

$f_y(0, 0) = \lim_{y \to 0} \dfrac{f(0, y) - f(0, 0)}{y} = \lim_{y \to 0} \dfrac{0}{y} = 0$

(4) $f_x(x, y)$ において $x = 0$ とすると $f_x(x, y) = \dfrac{1}{y}$ より原点で不連続.

$f_y(x, y)$ において $y = 0$ とすると $f_x(x, y) = \dfrac{1}{x}$ より原点で不連続.

4.3　高次の偏導関数とテイラーの定理

問 1　(1) $z_x = \dfrac{y}{(x+y)^2}$, $z_y = -\dfrac{x}{(x+y)^2}$, $z_{xy} = z_{yx} = \dfrac{x-y}{(x+y)^3}$

(2) $z_x = -\dfrac{y}{x^2+y^2}$, $z_y = \dfrac{x}{x^2+y^2}$, $z_{xy} = z_{yx} = \dfrac{y^2-x^2}{(x^2+y^2)^2}$

問 2　$f(a+h, b+k) = f(a,b) + hf_x(a,b) + kf_y(a,b) + R_2$

問 3　$f = e^x \sin y$ とすると，$f_x = e^x \sin y$, $f_y = e^x \cos y$

$f_{xx} = e^x \sin y$, $f_{xy} = e^x \cos y$, $f_{yy} = -e^x \sin y$

$f_{xxx} = e^x \sin y$, $f_{xxy} = e^x \cos y$, $f_{xyy} = -e^x \sin y$, $f_{yyy} = -e^x \cos y$

これらの計算結果と $e^0 = 1$, $\sin 0 = 0$, $\cos 0 = 1$ より，次を得る．

$$e^x \sin y = y + xy + \frac{1}{2}x^2 y - \frac{1}{6}y^3 + \cdots$$

問題 4.3

1.　(1) $1 + x + y + xy + y^2 + \cdots$　　(2) $1 - x - y + x^2 + xy + \cdots$

(3) $x - xy + \cdots$

2.　(1) $1 + x - 2y + \dfrac{(x-2y)^2}{2} + \dfrac{(x-2y)^3}{6} + \cdots$

(2) $1 - (x+y) + (x+y)^2 - (x+y)^3 + \cdots$

(3) $y - \dfrac{y^2}{2} - \dfrac{x^2 y}{2} + \dfrac{y^3}{3} + \cdots$

3.　(1) $z_{xx} = 6x$, $z_{yy} = 6y$ より，$\Delta z = z_{xx} + z_{yy} = 6(x+y)$

(2) $z_{xx} = -\dfrac{2y}{(x+y)^3}$, $z_{yy} = \dfrac{2x}{(x+y)^3}$ より，$\Delta z = \dfrac{2(x-y)}{(x+y)^3}$

(3) $z_{xx} = \dfrac{2y^2 - 2x^2}{(x^2+y^2)^2}$, $z_{yy} = \dfrac{2x^2 - 2y^2}{(x^2+y^2)^2}$ より，$\Delta z = 0$

(4) $z_{xx} = \dfrac{2xy}{(x^2+y^2)^2}$, $z_{yy} = \dfrac{-2xy}{(x^2+y^2)^2}$ より，$\Delta z = 0$

4.　$z_r = z_x \cos\theta + z_y \sin\theta$, $z_\theta = -z_x r \sin\theta + z_y r \cos\theta$

$z_{rr} = z_{xx} \cos^2\theta + 2z_{xy} \sin\theta \cos\theta + z_{yy} \sin^2\theta$

$z_{\theta\theta} = r^2 z_{xx} \sin^2\theta - 2r^2 z_{xy} \sin\theta \cos\theta + r^2 z_{yy} \cos^2\theta - rz_x \cos\theta - rz_y \sin\theta$

より，右辺から左辺を導く．

5. $z_u = z_x e^u \cos v + z_y e^u \sin v, \ z_v = -z_x e^u \sin v + z_y e^u \cos v$

$z_{uu} = z_{xx} e^{2u} \cos^2 v + 2 z_{xy} e^{2u} \sin v \cos v + z_{yy} e^{2u} \sin^2 v$
$$+ z_x e^u \cos v + z_y e^u \sin v$$

$z_{vv} = z_{xx} e^{2u} \sin^2 v - 2 z_{xy} e^{2u} \sin v \cos v + z_{yy} e^{2u} \cos^2 v$
$$- z_x e^u \cos v - z_y e^u \sin v$$

より, 右辺から左辺を導く.

....

4.4 極値の判定

問 1 グラフは $z = ay^2$ を $z = x^2$ に沿って動かした曲面となるので, $(0,0)$ で極小
となる条件は $a > 0$.

問 2 (1) $f_x = f_y = 0$ より極値の候補は $(2,0)$. 実際に $(2,0)$ で極小値 -4
(2) $f_x = f_y = 0$ より極値の候補は $(0,0)$ だが, 極値をとらない.

問 3 (1) 極値ではない.　　(2) 極小値である.

問題 4.4

1. (1) $(1, -2)$ で極大値 4　　(2) f は極値をとらない.

(3) $(-1, 0)$ で極小値 -1

(4) $\left(1, -\dfrac{3}{2} \right)$ で極小値 $-\dfrac{5}{4}$, $\left(-\dfrac{1}{3}, -\dfrac{1}{6} \right)$ では極値ではない.

(5) $(1, 2)$, $(-1, -2)$ で極小値 -1, $(0,0)$ では極値ではない.

(6) $\left(-\dfrac{4}{7}, \dfrac{8}{7} \right)$ で極小値 $-\dfrac{16}{7}$

2. (1) $(1, -1)$, $(-1, 1)$ のとき極大値 2

$(0,0)$ の近くでは, $y = x$ のとき $f = -2x^4 < 0$,

$y = 0$ のとき $f = x^2(1 - x^2) > 0$ より, $(0,0)$ では極値ではない.

(2) $(\sqrt{2}, -\sqrt{2})$, $(-\sqrt{2}, \sqrt{2})$ のとき極小値 -8

$(0,0)$ の近くでは, $y = x$ のとき $f = 2x^4 > 0$,

$y = 0$ のとき $f = x^2(x^2 - 2) < 0$ より, $(0,0)$ では極値ではない.

3. (1) $(2, 2)$ で極大値 $\dfrac{2}{e^4}$, $(-1, -1)$ では極値ではない.

(2) $\left(\dfrac{1}{2}, \dfrac{1}{2} \right)$ のとき極大値 $\dfrac{1}{\sqrt{e}}$, $\left(-\dfrac{1}{2}, -\dfrac{1}{2} \right)$ のとき極小値 $-\dfrac{1}{\sqrt{e}}$

(3) $\left(\dfrac{1}{\sqrt{2}}, \dfrac{1}{\sqrt{2}}\right)$ および $\left(-\dfrac{1}{\sqrt{2}}, -\dfrac{1}{\sqrt{2}}\right)$ のとき極大値 $\dfrac{1}{2e}$

$\left(\dfrac{1}{\sqrt{2}}, -\dfrac{1}{\sqrt{2}}\right)$ および $\left(-\dfrac{1}{\sqrt{2}}, \dfrac{1}{\sqrt{2}}\right)$ のとき極小値 $-\dfrac{1}{2e}$

$(0,0)$ では, 直線 $y = 0$ 上で $f = 0$ より極値ではない.

4.5　陰関数定理

問 1　$f = y^8 - 2x^3y^3 + 1$, $f_x = -6x^2y^3$, $f_y = 8y^7 - 6x^3y^2$ であり,

$\varphi'(1) = -\dfrac{f_x}{f_y} = 3$ （接線の傾き）より, $y = 3x - 2$

問 2　円 : $px + qy = 1$　楕円 : $\dfrac{px}{a^2} + \dfrac{qy}{b^2} = 1$

問 3　$(x,y) = \left(\dfrac{1}{\sqrt{2}}, \dfrac{1}{\sqrt{2}}\right)$, $\left(-\dfrac{1}{\sqrt{2}}, -\dfrac{1}{\sqrt{2}}\right)$ のとき極大値 (最大値) $\dfrac{1}{2}$

$(x,y) = \left(\dfrac{1}{\sqrt{2}}, -\dfrac{1}{\sqrt{2}}\right)$, $\left(-\dfrac{1}{\sqrt{2}}, \dfrac{1}{\sqrt{2}}\right)$ のとき極小値 (最小値) $-\dfrac{1}{2}$

図は省略.

問題 4.5

1.　(1) $5x + 6y - 17 = 0$　　(2) $x - 9y + 17 = 0$　　(3) $(e^2 - 1 + \pi)x + y - 1 = 0$

2.　(1) $f = x^2 - 2xy^3 + y^2$ とおく. $f_x = 2x - 2y^3$, $f_y = -6xy^2 + 2y$,

$f_{xx} = 2$, $f_{xy} = -6y^2$, $f_{yy} = -12xy + 2$ より,

$\varphi'(1) = -\dfrac{f_x}{f_y} = -\dfrac{0}{-4} = 0$

$\varphi''(1) = -\dfrac{f_{xx}f_y{}^2 - 2f_{xy}f_xf_y + f_{yy}f_x{}^2}{f_y{}^3} = -\dfrac{2 \cdot (-4)^2 - 0 - 0}{(-4)^3} = \dfrac{1}{2}$

(2) 同様に $\varphi'(1) = 1$, $\varphi''(1) = 0$

3.　(1) $f = x^2 + 2xy + 2y^2 - 1$ とおく.

$f_x = 2x + 2y$, $f_y = 2x + 4y$ より, $\varphi'(x) = \dfrac{x + y}{x + 2y}$

$\varphi'(x) = 0 \Longleftrightarrow y = -x \Longleftrightarrow (x,y) = (1, -1), (-1, 1)$

これらの点における 2 回微分より, $x = 1$ で極小値 -1, $x = -1$ で極大値 1

(2) 同様に $x = 1$ で極大値 2

4. (1) $(x, y) = (1, -1)$ で極小値 -2, $(x, y) = (-1, 1)$ で極大値 2

(2) $(x, y) = \left(\dfrac{1}{\sqrt{2}}, \dfrac{1}{2} \right)$, $\left(-\dfrac{1}{\sqrt{2}}, -\dfrac{1}{2} \right)$ のとき極大値 $\dfrac{1}{2\sqrt{2}}$

$(x, y) = \left(\dfrac{1}{\sqrt{2}}, -\dfrac{1}{2} \right)$, $\left(-\dfrac{1}{\sqrt{2}}, \dfrac{1}{2} \right)$ のとき極小値 $-\dfrac{1}{2\sqrt{2}}$

(3) $(x, y) = (1, 1), (-1, -1)$ のとき極小値 2

5. 点 (x, y) と原点との距離は $\sqrt{x^2 + y^2}$ より, その 2 乗を考えて $f(x, y) = x^2 + y^2$ とし, この関数の最大最小を考え, 以下の結論を得る.

最も近い点は $(x, y) = (1, 1), (-1, -1)$ で距離は $\sqrt{2}$

最も遠い点は $(x, y) = (\sqrt{3}, -\sqrt{3}), (-\sqrt{3}, \sqrt{3})$ で距離は $\sqrt{6}$

6. (1) $(x, y) = (0, 0)$ のとき最小値 0

$(x, y) = \left(\dfrac{1}{\sqrt{2}}, \dfrac{1}{\sqrt{2}} \right)$, $\left(-\dfrac{1}{\sqrt{2}}, -\dfrac{1}{\sqrt{2}} \right)$ のとき最大値 $\dfrac{3}{2}$

(2) $(x, y) = \left(\dfrac{1}{2}, \dfrac{1}{2} \right)$ のとき最小値 $-\dfrac{1}{2}$

$(x, y) = \left(-\dfrac{1}{\sqrt{2}}, -\dfrac{1}{\sqrt{2}} \right)$ のとき最大値 $1 + \sqrt{2}$

注意：D が有界閉領域であることから, 極大極小が最大最小の候補となる.

....

5.1 重積分と累次積分

問 1 (1) $\dfrac{189}{4}$ (2) $\dfrac{(e^2 - e^{-2})^2}{2}$

問 2 省略.

問題 5.1

1. (1) 与式 $= \displaystyle\int_0^{\frac{\pi}{2}} dx \int_0^{\frac{\pi}{2}} \sin(2x + y)\, dy = \int_0^{\frac{\pi}{2}} \Big[-\cos(2x + y) \Big]_{y=0}^{y=\frac{\pi}{2}} dx$

$= \displaystyle\int_0^{\frac{\pi}{2}} \left(\cos 2x - \cos\left(2x + \dfrac{\pi}{2} \right) \right) dx = \left[\dfrac{\sin 2x}{2} - \dfrac{\sin\left(2x + \frac{\pi}{2} \right)}{2} \right]_0^{\frac{\pi}{2}} = 1$

(2) $\dfrac{53}{3}$ (3) $2\log 2 - \log 3$ (4) $\dfrac{1}{6}(e^3 - 1)(1 - e^{-2})$

(5) $e - 2$ (6) $2 - 2\log 2$ (7) $\pi - 2$ (8) $\dfrac{\pi}{4} - \dfrac{1}{2}$

2. $\displaystyle\iint_R f(x)g(y)\,dx\,dy$

$\displaystyle= \int_c^d \left(\int_a^b f(x)g(y)\,dx \right) dy = \int_c^d g(y) \left(\int_a^b f(x)\,dx \right) dy$

$\displaystyle= \left(\int_a^b f(x)\,dx \right) \int_c^d g(y)\,dy = \int_a^b f(x)\,dx \int_c^d g(y)\,dy$

3. $\displaystyle\iint_R e^{-x^2-y^2}\,dx\,dy = \iint_R e^{-x^2} \cdot e^{-y^2}\,dx\,dy$

$\displaystyle= \int_0^a e^{-x^2}\,dx \int_0^a e^{-y^2}\,dy = \left(\int_0^a e^{-x^2}\,dx \right)^2$

4. (1) $\displaystyle f'(x) = \frac{d}{dx} \int_1^2 \frac{e^{xt}}{t}\,dt = \int_1^2 \frac{\partial}{\partial x} \frac{e^{xt}}{t}\,dt = \int_1^2 e^{xt}\,dt$

$\displaystyle= \frac{e^{2x} - e^x}{x}, \;\; f'(0) = \int_1^2 e^0\,dt = 1$

(2) $\displaystyle f'(x) = \frac{d}{dx} \int_1^2 \frac{\sin xt}{t}\,dt = \int_1^2 \frac{\partial}{\partial x} \frac{\sin xt}{t}\,dt = \int_1^2 \cos xt\,dt$

$\displaystyle= \frac{\sin 2x - \sin x}{x}, \;\; f'(0) = \int_1^2 \cos 0\,dt = 1$

. . . .

5.2 有界閉領域における重積分

問 1 (1) 与式 $\displaystyle= \int_0^2 dx \int_{x^2}^{2x} xy\,dy = \int_0^2 \left[\frac{xy^2}{2} \right]_{y=x^2}^{y=2x} dx = \frac{8}{3}$ 　図は省略.

(2) 与式 $\displaystyle= \int_0^4 dy \int_{-2}^{-\sqrt{y}} xy\,dx = \int_0^4 \left[\frac{x^2 y}{2} \right]_{x=-2}^{x=-\sqrt{y}} dy = -\frac{16}{3}$ 　図は省略.

問 2 $\displaystyle\int_{-1}^0 dx \int_{x^2}^{-x} x^3 y\,dy = -\frac{1}{48}$

問 3 (1) $\displaystyle\int_0^1 dy \int_y^{\sqrt{y}} f(x,y)\,dx$ 　図は省略.

(2) $\displaystyle\int_{-1}^0 dx \int_0^{x+1} f(x,y)\,dy + \int_0^1 dx \int_0^{-x+1} f(x,y)\,dy$ 　図は省略.

問題 5.2

1. (1) $\dfrac{4}{5}$ 　(2) $\dfrac{1}{14}$

2. (1) $\displaystyle\int_0^1 dx \int_0^{\sqrt{x}} x\,dy = \frac{2}{5}$ (2) $\displaystyle\int_0^1 dy \int_y^1 x^2 y^2\,dx = \frac{1}{18}$

(3) $\displaystyle\int_0^1 dx \int_0^x \frac{1}{1+x^2}\,dy = \frac{1}{2}\log 2$

(4) $\displaystyle\int_0^a dx \int_0^{\sqrt{a^2-x^2}} xy\,dy = \frac{a^4}{8}$

(5) $\displaystyle\int_{-a}^a dx \int_{-\sqrt{a^2-x^2}}^{\sqrt{a^2-x^2}} \sqrt{a^2-x^2}\,dy = \frac{8a^3}{3}$

(6) $\displaystyle\int_0^\pi dx \int_0^x \frac{y\sin x}{x}\,dy = \frac{\pi}{2}$

(7) $\displaystyle\int_0^1 dx \int_x^{2x} (2x-y)\,dy + \int_1^{\frac{3}{2}} dx \int_x^{-x+3} (2x-y)\,dy = \frac{3}{8}$

3. (1) $\displaystyle\int_0^1 dy \int_{-\sqrt{1-y^2}}^{\sqrt{1-y^2}} f(x,y)\,dx$ 図は省略.

(2) $\displaystyle\int_{-2}^2 dx \int_{x^2}^4 f(x,y)\,dy$ 図は省略.

(3) $\displaystyle\int_0^1 dx \int_0^{\sqrt{x}} f(x,y)\,dy + \int_1^2 dx \int_0^{-x+2} f(x,y)\,dy$ 図は省略.

(4) $\displaystyle\int_0^{\frac{1}{e}} dy \int_{-1}^1 f(x,y)\,dx + \int_{\frac{1}{e}}^e dy \int_{\log y}^1 f(x,y)\,dx$ 図は省略.

(5) $\displaystyle\int_a^b dy \int_y^b f(x,y)\,dx$ 図は省略.

4. (1) $\displaystyle\int_0^1 dy \int_0^y e^{y^2}\,dx = \frac{e-1}{2}$ (2) $\displaystyle\int_0^1 dx \int_0^x \frac{x}{1+x^3}\,dy = \frac{1}{3}\log 2$

. . . .

5.3 重積分の変数変換

問 1 (1) $ad-bc$ (2) $\displaystyle\frac{2uv(u-v)}{\sqrt{u+v}}$

問 2 (1) $\displaystyle\frac{1}{2}\int_0^1 dv \int_0^1 ue^v\,du = \frac{e-1}{4}$ (2) $\displaystyle\frac{1}{8}\int_0^1 dv \int_0^1 (u+v)^2\,du = \frac{7}{48}$

問 3 (1) $\displaystyle\int_0^{\frac{\pi}{2}} d\theta \int_0^a r^3 \cos\theta \sin\theta\,dr = \frac{a^4}{8}$

(2) $\displaystyle \int_{\frac{\pi}{4}}^{\frac{\pi}{2}} d\theta \int_0^1 r^2 \cos\theta \, dr = \frac{1}{3}\left(1 - \frac{1}{\sqrt{2}}\right)$

問 4 $t = \dfrac{x - \mu}{\sqrt{2}\sigma}$ とおくと，$dx = \sqrt{2}\sigma \, dt$, $x : -\infty \to \infty$ のとき $t : -\infty \to \infty$

これらより，与式 $= \dfrac{1}{\sqrt{\pi}} \displaystyle\int_{-\infty}^{\infty} e^{-t^2} \, dt = \dfrac{1}{\sqrt{\pi}} \sqrt{\pi} = 1$

問題 5.3

1. (1) $\dfrac{1}{9} \displaystyle\int_0^1 dv \int_0^1 (2u + v) \, du = \dfrac{1}{6}$ 　　(2) $\dfrac{1}{16} \displaystyle\int_0^2 dv \int_0^2 (3u + v) \, du = 1$

(3) $\dfrac{1}{2} \displaystyle\int_0^\pi dv \int_0^\pi v \sin u \, du = \dfrac{\pi^2}{2}$ 　　(4) $\dfrac{1}{3} \displaystyle\int_2^4 dv \int_1^2 \dfrac{v}{u} \, du = 2\log 2$

(5) $\dfrac{1}{2} \displaystyle\int_0^1 dv \int_0^1 uve^{-v} \, du = \dfrac{1}{4}\left(1 - \dfrac{2}{e}\right)$

2. (1) $\displaystyle\int_0^{2\pi} d\theta \int_1^2 \dfrac{1}{r} \, dr = 2\pi \log 2$

(2) $\displaystyle\int_0^{2\pi} d\theta \int_1^2 \dfrac{1}{r^{2m-1}} \, dr = \dfrac{\pi\left(1 - 4^{1-m}\right)}{m - 1}$

(3) $\displaystyle\int_0^{2\pi} d\theta \int_1^3 r \log r^2 \, dr = 2\pi(9 \log 3 - 4)$

(4) $\displaystyle\int_0^{2\pi} d\theta \int_{\sqrt{2}}^{\sqrt{3}} \dfrac{r}{1 + r^2} \, dr = \pi \log \dfrac{4}{3}$ 　　(5) $\displaystyle\int_0^{2\pi} d\theta \int_0^1 (r\sin\theta + 1) r \, dr = \pi$

3. $\dfrac{1}{2} \leqq u \leqq 1,\ 0 \leqq v \leqq 1$ より，$\displaystyle\int_0^1 dv \int_{\frac{1}{2}}^1 ue^{2v-1} \, du = \dfrac{3}{16}\left(e - \dfrac{1}{e}\right)$

$\cdots\cdots\cdots\cdots\cdots\cdots\cdots\cdots\cdots\cdots\cdots\cdots\cdots\cdots\cdots\cdots\cdots\cdots\cdots\cdots$

5.4 体積と曲面積

問 1 $\displaystyle\int_0^{2\pi} d\theta \int_0^1 \left(r^2 + 1\right) r \, dr = \dfrac{3}{2}\pi$

問 2 $(z_x)^2 = 4x^2$, $(z_y)^2 = 4y^2$ より極座標変換を行って，次の積分となる．

$$\int_0^{2\pi} d\theta \int_0^1 r\sqrt{4r^2 + 1} \, dr = \dfrac{\left(5\sqrt{5} - 1\right)\pi}{6}$$

問 3 $\pi \displaystyle\int_{-a}^a \left(a^2 - x^2\right) dx = \dfrac{4\pi a^3}{3}$

問 4　$2\pi \displaystyle\int_{-a}^{a} \sqrt{a^2 - x^2}\sqrt{1 + \dfrac{x^2}{a^2 - x^2}}\, dx = 4\pi a^2$

問 5　$(y')^2 = \dfrac{1}{4x}$ より，次の積分となる．

$$2\pi \int_0^1 \sqrt{x}\sqrt{1 + \dfrac{1}{4x}}\, dx = \dfrac{\left(5\sqrt{5} - 1\right)\pi}{6} \qquad \text{問 2 の結果と一致する．}$$

問題 5.4

1.　(1) $\displaystyle\int_0^{2\pi} d\theta \int_0^1 \left(r^2 \cos 2\theta + 1\right) r\, dr = \pi$

　　(2) $\displaystyle\int_{-a}^{a} dx \int_0^{\sqrt{a^2 - x^2}} y\, dy = \dfrac{2a^3}{3}$

　　(3) $2\displaystyle\int_0^{2\pi} d\theta \int_0^2 \sqrt{9 - r^2}\, r\, dr = \dfrac{4\pi}{3}\left(27 - 5\sqrt{5}\right)$

　　(4) $2\displaystyle\iint_D c\sqrt{1 - \dfrac{x^2}{a^2} - \dfrac{y^2}{b^2}}\, dx\, dy = \dfrac{4\pi abc}{3} \qquad D: \dfrac{x^2}{a^2} + \dfrac{y^2}{b^2} \leqq 1$

2.　(1) $\displaystyle\int_0^{2\pi} d\theta \int_0^1 \left(r^2 + 2r\cos\theta + 2\right) r\, dr = \dfrac{5}{2}\pi$

　　(2) $\displaystyle\int_0^{2\pi} d\theta \int_0^1 \left(1 - r^2\right) r\, dr = \dfrac{\pi}{2}$

3.　(1) $\displaystyle\int_0^{2\pi} d\theta \int_0^2 \sqrt{1 + r^2}\, r\, dr = \dfrac{2\pi}{3}\left(5\sqrt{5} - 1\right)$

　　(2) $\displaystyle\int_0^{2\pi} d\theta \int_0^{\sqrt{2}} \sqrt{1 + 4r^2}\, r\, dr = \dfrac{13}{3}\pi$

　　(3) $2\displaystyle\int_{-a}^{a} dy \int_{-\sqrt{a^2 - y^2}}^{\sqrt{a^2 - y^2}} \dfrac{a}{\sqrt{a^2 - y^2}}\, dx = 8a^2$

4.　(1) $\pi \displaystyle\int_0^{\pi} \sin^2 x\, dx = \dfrac{\pi^2}{2}$　　(2) $\pi \displaystyle\int_0^1 x^2(1 - x)^2\, dx = \dfrac{\pi}{30}$

　　(3) $\pi \displaystyle\int_0^{2a} \dfrac{x^2}{4}\, dx = \dfrac{2\pi a^3}{3}$

　　(4) $\pi \displaystyle\int_{-a}^{a} \left(b + \sqrt{a^2 - x^2}\right)^2 dx - \pi \int_{-a}^{a} \left(b - \sqrt{a^2 - x^2}\right)^2 dx = 2\pi^2 a^2 b$

5.　(1) $2\pi \displaystyle\int_0^{\pi} \sin x\sqrt{1 + \cos^2 x}\, dx = 2\pi \left(\sqrt{2} + \log\left(1 + \sqrt{2}\right)\right)$

$$(2)\ 2\pi \int_{-a}^{a} \left(b + \sqrt{a^2 - x^2} \right) \sqrt{\frac{a^2}{a^2 - x^2}}\, dx$$

$$+2\pi \int_{-a}^{a} \left(b - \sqrt{a^2 - x^2} \right) \sqrt{\frac{a^2}{a^2 - x^2}}\, dx = 4\pi^2 ab$$

. . . .

5.5　ガンマ関数とベータ関数

問 1　命題 5.5.1 (1) を繰り返し用いて，$\Gamma(n) = (n-1)!$ を得る.

問 2　$x^2 = u$ とおくと，$dx = \dfrac{du}{2x}$ より次を得る.

$$\int_0^\infty e^{-x^2} x^{2p-1}\, dx = \int_0^\infty e^{-u} u^p \frac{du}{2x^2} = \frac{1}{2} \int_0^\infty e^{-u} u^{p-1}\, du = \frac{1}{2}\Gamma(p)$$

問 3　与式 $= \dfrac{1}{2} B(3,4) = \dfrac{1}{2} \dfrac{\Gamma(3)\Gamma(4)}{\Gamma(7)} = \dfrac{1}{2} \dfrac{2 \cdot 3 \cdot 2}{6 \cdot 5 \cdot 4 \cdot 3 \cdot 2} = \dfrac{1}{120}$

問題 5.5

1.　(1) 与式 $= \dfrac{1}{2} B(5,2) = \dfrac{1}{2} \dfrac{\Gamma(5)\Gamma(2)}{\Gamma(7)} = \dfrac{1}{2} \dfrac{4 \cdot 3 \cdot 2 \cdot 1}{6 \cdot 5 \cdot 4 \cdot 3 \cdot 2} = \dfrac{1}{60}$

　　(2) $\dfrac{3\pi}{512}$　　(3) $\dfrac{8}{315}$　　(4) $\dfrac{3\pi}{256}$

2.　(1) $x^4 = t$ とおくと，$4x^3\, dx = dt,\ x^2 = \sqrt{t}$ より次を得る.

$$与式 = \frac{1}{4} \int_0^1 \frac{\sqrt{t}}{\sqrt{1-t}}\, dt = \frac{1}{4} \int_0^1 t^{\frac{3}{2}-1}(1-t)^{\frac{1}{2}-1}\, dt$$

$$= \frac{1}{4} B\left(\frac{3}{2}, \frac{1}{2} \right) = \frac{\pi}{8}$$

　　(2) 与式 $= B\left(\dfrac{1}{2}, 6 \right) = \dfrac{512}{693}$

　　(3) $x^2 = t$ とおくと，$2x\, dx = dt,\ x = \sqrt{t}$ より次を得る.

$$与式 = \frac{1}{2} \int_0^\infty e^{-t} \sqrt{t}\, dt = \frac{1}{2} \int_0^\infty e^{-t} t^{\frac{3}{2}-1}\, dt = \frac{1}{2}\Gamma\left(\frac{3}{2} \right) = \frac{\sqrt{\pi}}{4}$$

　　(4) 与式 $= 2\Gamma(6) = 240$

3.　(1) 与式 $= B\left(p - \dfrac{1}{2}, \dfrac{1}{2} \right) = \dfrac{\sqrt{\pi}\,\Gamma(p - \frac{1}{2})}{\Gamma(p)}$

　　(2) 与式 $= \dfrac{1}{4} B\left(\dfrac{1}{4}, \dfrac{1}{2} \right) = \dfrac{\sqrt{\pi}\,\Gamma(\frac{5}{4})}{\Gamma(\frac{3}{4})}$

(3) 与式 $= \displaystyle\int_0^\infty e^{-at} t^{b-1}\, dt = a^{-b} \int_0^\infty e^{-s} s^{b-1}\, ds = a^{-b}\Gamma(b)$

4. $\displaystyle\int_0^{\frac{\pi}{2}} \sin^n x\, dx = \frac{1}{2} B\left(\frac{n+1}{2}, \frac{1}{2}\right)$ を用いて示す.

5. 省略.

6. 省略.

. . . .

6.1 1階微分方程式

問 1 省略.

問 2 (1) $y = \dfrac{C}{x}$　　(2) $y = \dfrac{1}{x+C}$

問 3 $y' = \dfrac{1 + \frac{y}{x}}{1 - \frac{y}{x}} = \dfrac{1+z}{1-z}$, $y' = z + xz'$ より, $\dfrac{1-z^2}{1+z^2}\dfrac{dz}{dx} = \dfrac{1}{x}$

$\displaystyle\int \left(\dfrac{1}{1+z^2} - \dfrac{1}{2}\dfrac{2z}{1+z^2}\right) dz = \int \dfrac{dx}{x}$ より,

もとめる一般解は $\tan^{-1}\dfrac{y}{x} - \dfrac{1}{2}\log(x^2+y^2) = C$

問 4 省略.

問 5 (1) $y' + y = 0$ とおくと $y = Ce^{-x}$. $y = C(x)e^{-x}$ を与式に代入して $C(x) = x + C$. したがって, $y = (x+C)e^{-x}$

(2) $y = \dfrac{1}{3}x^2 + \dfrac{1}{2}x + \dfrac{C}{x}$

問 6 定理 6.1.1 に, $p(x) = -a$ を代入する.

問題 6.1

1. (1) $y = Ce^{\frac{1}{3}x^3}$　　(2) $y^2 = \log(1+x^2) + C$　　(3) $y = \dfrac{Ce^{2x}}{x}$

(4) $y = \dfrac{Cx}{x+1}$　　(5) $y = \dfrac{C+x}{1-x}$　　(6) $y = -\log(e^x + x + C)$

2. (1) $y = 4e^{\frac{1}{2}x^2} - 1$　　(2) $y^3 = 3(x - \log|x| + 8)$

3. (1) $y = x + \dfrac{C}{x}$　　(2) $x^2 - 2xy - y^2 = C$

(3) $y^2 + 2x^2\log|x| = Cx^2$　　(4) $\dfrac{x}{x+y} + \log|x+y| = C$

4. (1) $y = e^{2x} + Ce^x$ (2) $y = x^2 \log|x| - 2x + Cx^2$

(3) $y = \dfrac{1}{2} + Ce^{-x^2}$ (4) $y = x \log|x| + Cx$

(5) $y = \dfrac{x}{2} \log x - \dfrac{x}{4} + \dfrac{C}{x}$ (6) $y = \dfrac{\sin x - x \cos x + C}{x^2}$

5. $z = y^{1-m}$ より $y' = \dfrac{y^m}{1-m} z'$. また, $y = zy^m$. これらを代入して,

z の 1 階線形微分方程式 $\dfrac{z'}{1-m} + p(x)z = q(x)$ を得る.

6. (1) $y\left(1 - x + Ce^{-x}\right) = 1$ (2) $y^2\left(-\dfrac{1}{3}e^{2x} + Ce^{-4x}\right) = 1$

(3) $y^2\left(x + \dfrac{1}{2} + Ce^{2x}\right) = 1$

··

6.2 定数係数 2 階線形微分方程式

問 1 省略.

問 2 (1) $y = C_1 e^{2x} + C_2 e^{-3x}$ (2) $y = C_1 e^{2x} + C_2 x e^{2x}$

(3) 特性方程式は $x^2 + 6x + 11 = 0$ より $x = -3 \pm \sqrt{2}i$

$\alpha = -3$, $\beta = \sqrt{2}$ より次の一般解を得る.

$y = C_1 e^{-3x} \cos \sqrt{2}x + C_2 e^{-3x} \sin \sqrt{2}x$

問 3 (1) $y = C_1 e^x \cos x + C_2 e^x \sin x + \dfrac{1}{2}x^2 + x$

(2) $y = C_1 e^{3x} + C_2 e^{-2x} + \dfrac{2}{3} e^{-3x}$

(3) $y = C_1 e^{-x} + C_2 x e^{-x} + \dfrac{3}{5} \cos 3x + \dfrac{4}{5} \sin 3x$

問題 6.2

1. (1) $y = C_1 e^{3x} + C_2 e^{4x}$ (2) $y = C_1 e^{-x} \cos x + C_2 e^{-x} \sin x$

(3) $y = C_1 e^x + C_2 x e^x$ (4) $y = C_1 e^{5x} + C_2 e^{-2x}$

(5) $y = C_1 e^{-3x} \cos 4x + C_2 e^{-3x} \sin 4x$ (6) $y = C_1 e^{\sqrt{2}x} + C_2 x e^{\sqrt{2}x}$

2. (1) $y = \dfrac{5}{4} e^x - \dfrac{1}{4} e^{-3x}$ (2) $y = -e^{-3x} - 2x e^{-3x}$ (3) $y = e^{-2x} \sin x$

3. (1) $y = C_1 e^{2x} + C_2 e^{3x} + 4e^x$

(2) $x^2 - x = 0,\ x = 0, 1$ より, $y = C_1 e^x + C_2$. 推測解の候補は $y = ae^x$

しかし e^x がすでに解にあるので, $y = axe^x$ を推測解とする.

これを与式に代入して $a = 5$ より, $y = C_1 e^x + C_2 + 5xe^x$ を得る.

(3) $y = C_1 \cos 2x + C_2 \sin 2x + \dfrac{2}{3} \sin x$

(4) $y = C_1 e^{-x} \cos 2x + C_2 e^{-x} \sin 2x + 3x - 1$

(5) $y = C_1 \cos x + C_2 \sin x + 2x \sin x$

(6) $y = C_1 e^{-x} + C_2 x e^{-x} + 3x^2 e^{-x}$

4. (1) $y = C_1 e^x + C_2 e^{-x} + 4e^{2x} - x$

(2) $y = C_1 e^x + C_2 e^{3x} + \dfrac{1}{8} e^{-x} + \dfrac{1}{10} \sin x + \dfrac{1}{5} \cos x$

(3) $y = C_1 e^{-2x} \cos \sqrt{2}x + C_2 e^{-2x} \sin \sqrt{2}x + \dfrac{1}{2}x + \sin x - \cos x - \dfrac{1}{3}$

....

7.1 級数と整級数

問 1 $1 + r + r^2 + \cdots + r^{n-1} = \dfrac{1 - r^n}{1 - r}$ より示される.

問 2 (1) $S_n = \displaystyle\sum_{k=1}^{n} \left(\dfrac{1}{k} - \dfrac{1}{k+1} \right) = \left(1 - \dfrac{1}{n+1} \right) \to 1$

(2) $S_n = \displaystyle\sum_{k=1}^{n} \left(\sqrt{k+1} - \sqrt{k} \right) = \left(\sqrt{n+1} - 1 \right) \to \infty$

問 3 (1) $\dfrac{a_{n+1}}{a_n} = \dfrac{1}{n+1} < 1$ より収束.

(2) $\dfrac{a_{n+1}}{a_n} = \left(1 + \dfrac{1}{n} \right)^n > 1$ より発散.

問 4 隣接 2 項間の比の絶対値は $\dfrac{n}{n+2} |x| \to |x|$ である.

例題 2 と同様の考察で, 収束半径は 1

また, $\dfrac{1}{n(n+1)} = \dfrac{1}{n} - \dfrac{1}{n+1}$ より $x = 1,\ -1$ においてそれぞれ考察する.

特に $x = -1$ のときは例 2 を利用する. 収束域は $[-1, 1]$

問 5 省略.

問題 7.1

1. (1) 与式 $= \dfrac{1}{2} \displaystyle\sum_{n=2}^{\infty} (-1)^n \left(\dfrac{1}{n-1} - \dfrac{1}{n+1} \right) = \dfrac{1}{4}$

(2) 与式 $= \dfrac{1}{2} \displaystyle\sum_{n=2}^{\infty} (-1)^n \left(\dfrac{1}{n-1} + \dfrac{1}{n+1} \right) = \log 2 - \dfrac{1}{4}$

2. (1) $\log x \leqq x$ に注意する． 与式 $\geqq \displaystyle\sum_{n=2}^{\infty} \dfrac{1}{n}$ より発散．

(2) $\sin x \leqq x$ に注意する． 与式 $\leqq \pi \displaystyle\sum_{n=1}^{\infty} \dfrac{n}{2^n}$ より収束．

3. (1) $\dfrac{a_{n+1}}{a_n} = \left(1 + \dfrac{1}{n} \right) \dfrac{1}{3} \leqq \dfrac{2}{3} < 1$ より収束．

(2) $\dfrac{a_{n+1}}{a_n} = \dfrac{n+1}{2} > 1$ より発散．

(3) $\dfrac{a_{n+1}}{a_n} = \dfrac{nx}{n+1} < x < 1$ より収束．

(4) $\dfrac{a_{n+1}}{a_n} = \dfrac{a + \frac{1}{n+1}}{b + \frac{1}{n+1}}$ より，$b > a$ のとき収束，$b \leqq a$ のとき発散．

4. (1) $\displaystyle\sum_{n=0}^{\infty} (-1)^n x^n$　　(2) $\displaystyle\sum_{n=0}^{\infty} x^{2n}$　　(3) $\displaystyle\sum_{n=0}^{\infty} (-1)^n x^{2n}$

5. $\tan^{-1} x = \displaystyle\int \dfrac{dx}{1+x^2} = \sum_{n=0}^{\infty} \int (-1)^n x^{2n} dx = \sum_{n=0}^{\infty} \dfrac{(-1)^n}{2n+1} x^{2n+1}$

6. $\tan^{-1} 1 = \dfrac{\pi}{4}$ より従う．

索　引

著者紹介

松本茂樹 (まつもとしげき)

1977 年	京都大学理学部卒業
1983 年	京都大学大学院理学研究科修了, 理学博士
1986 年	甲南大学理学部専任講師
1989 年	甲南大学理学部助教授
2000 年	甲南大学理学部教授
2001 年	甲南大学理工学部教授
2008 年	甲南大学知能情報学部教授
現 在	甲南大学知能情報学部名誉教授

主要著書

解析学 (単著, 科学技術出版, 2000)
Mathematica — その無限の可能性・基礎編および応用編 (共著, 実教出版, 2001)
基礎 線形代数 (共著, 学術図書出版社, 2010)

森元勘治 (もりもとかんじ)

1982 年	神戸大学理学部数学科卒業
1987 年	神戸大学大学院自然科学研究科修了, 学術博士
1987 年	拓殖大学工学部専任講師
1992 年	拓殖大学工学部助教授
2001 年	甲南大学理工学部教授
2008 年	甲南大学知能情報学部教授
現 在	同上

主要著書

結び目理論 (共著, シュプリンガー・フェアラーク東京, 1990)
3 次元多様体入門 (単著, 培風館, 1996)
基礎 線形代数 (共著, 学術図書出版社, 2010)

基礎 微分積分 第 2 版

2016 年 10 月 31 日	第 1 版	第 1 刷	発行
2023 年 2 月 10 日	第 1 版	第 3 刷	発行
2023 年 10 月 20 日	第 2 版	第 1 刷	印刷
2023 年 10 月 31 日	第 2 版	第 1 刷	発行

著 者 　 松本茂樹
　　　　　森元勘治
発 行 者 　 発田和子
発 行 所 　 株式会社 学術図書出版社

〒113-0033　東京都文京区本郷 5 丁目 4 の 6
TEL 03-3811-0889　振替 00110-4-28454
印刷 三美印刷 (株)